最高に美しい
身近な樹木
ビジュアルカタログ

樹形・葉・花・実・季節の変化が一目でわかる

はじめに

　私はカメラマンとして、花や樹木、動物に昆虫などの自然物から、建築用素材などを専門に撮影しています。自然の美しさや、人の造る構造物の素晴らしさに魅了されながら、被写体を求め走り回る毎日です。

　これらの画像は、専門雑誌や図鑑などデータを提供。さまざまなコンピュータ用素材集の制作や、建築用ソフト、アプリ開発に携わるなど幅広く展開しています。

　特にこだわっていることは、画像の加工と被写体である物の見せ方。背景を繊細に切り抜くことやシームレス化など、データとして使いやすいように加工することです。それらの作業により美しく表現でき、データとしてより活用することができます。

　近年はデジタル技術の進歩とともに、美しい画像や、いままで見る事ができないような画像を目にすることがあります。これらの技術を生かし、自然の樹木の美しさを、少しでもこの本で伝えることができればとの思いで制作しました。

2018 年 6 月　江見敏宏

この本の「ココ」を見てほしい

『最高に美しい 身近な樹木ビジュアルカタログ』を作成するにあたり、3つの点について特にこだわりました。街中で出会う樹木の美しさが伝われば、望外の喜びです。

🌿 黒 へのこだわり

本書では、背景の色をすべてを「黒」にしました。黒にすることにより、樹木のかたちが捉えやすくなります。また、葉や花の色が引き立ち、美しく見ることができます。

🌿 樹の全形 へのこだわり

樹木を美しく撮影し、それを加工するのは容易ではありません。しかし全形をみせることで、その樹木のイメージが捉えやすくなります。本書では、全形がわかる樹木を厳選して撮影。そして細部に至るまで丁寧に加工することで、樹木全体が一目でわかるように工夫しました。

🌿 季節 へのこだわり

日本には四季があり、樹木は季節によりさまざまな姿を見せてくれます。本書で紹介している画像には、撮影月（季節）を表記しています。樹木によっては、落葉して枝だけになった全形なども掲載。樹木が、四季を通してどう移り変わっていくのかを感じてもらえるようにしました。

CONTENTS

小低木
成長しても樹高が3m以下の樹木

低木
成長すると樹高が3〜5mになる樹木

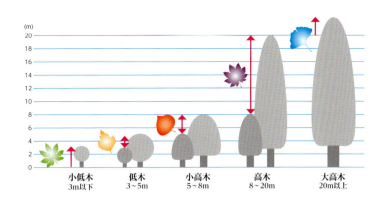

	(m)
	20
	18
	16
	14
	12
	10
	8
	6
	4
	2
	0

小低木
3m以下

低木
3～5m

小高木
5～8m

高木
8～20m

大高木
20m以上

小高木
成長すると樹高が5～8mになる樹木

CONTENTS

高木 🌸
成長すると樹高が8〜20mになる樹木

大高木
成長すると樹高が20mを超える樹木

常緑

落葉

この本の見方

1本1本の樹木のかたちが、まるで芸術作品のように鑑賞することができる、今までになかった美しい樹木図鑑です。

今回は、街中でよく見る身近な樹木、約150種に着目。樹木全体はもとより、葉、実、花もかたちがはっきりわかるように、全て黒バックで掲載しました。

しかも、葉や実、花などは原寸サイズで掲載しているところも

樹木名

樹木の名前です。
漢字名がある場合は、漢字名も書いてあります。また、常緑樹と落葉樹ごとにグループ分けしました。

樹木全体の姿

樹木の姿がわかるよう、画像を切り抜きました。自然樹形ではなく、街中でよく見かける姿を選びました。

葉や花のかたち

葉や花のかたちがわかるよう、画像を切り抜きました。ときどき、葉っぱとともに実もくっついていることもあります。

小楢
コナラ

落葉　高木
ブナ科
樹高15〜20m

原寸大

クヌギと比べると
葉が小さく丸い
8月

10月　樹高5m60cm

204

クヌギ→p.200 と並ぶ雑木林の代表格。
秋にはドングリがたくさん実り、子供たちを楽しませてくれる。
黄色から赤褐色に紅葉する姿も美しい。ちなみにシイタケの原木はコナラ。

公園の明るい場所など

樹木の紹介

樹木全般の紹介を書きました。筆者の思いも時々混じっています。

樹木がよくある場所

どのあたりに植わっているのか目安を書きました。日当たりの目安にどうぞ。

いっぱいあるので、樹木のサイズ感も手に取るようにわかります。さらに、落葉樹では紅葉の樹形、落葉した樹形なども載せてあるので、季節による樹木の変化も一目瞭然。
樹木全体のイメージが掴める本書だから、楽しみ方はいろいろ。樹木がもつ美しさを、存分にご堪能ください。

目立つのは雄花　4月

クヌギ→p.200に比べ色が
薄く溝が浅い樹皮

原寸大
12月

原寸大
いわゆる典型的なドングリ

紅葉した樹形
12月　樹高6m20cm

樹皮などの特徴

樹皮などそれなりに特徴のある部位は、そこだけを拡大して見せてあります。

原寸大マーク

葉、花、実の画像には、サイズ感を掴んでもらえるように原寸大で掲載したものがあります。「原寸大」マークが配置してある画像は、掲載サイズがほぼ実寸です。

樹木全体の姿（別季節）

落葉樹の場合、季節によって姿が変わります。
紅葉や落葉した姿がどうなるのか掲載しました。

人とのサイズ比較

掲載した画像の樹木と、人とのサイズを示しました。モデルは身長150cmの女性です。

実のかたち

実は樹木の特徴の一つ。実のかたちを楽しんでもらえるよう、多くを原寸大で掲載しました。

植栽ゾーニングプランで樹木を楽しむ！

樹木は、住宅や商業施設の魅力を引き上げるための必須アイテム。どんな施設にも、樹木は必ず植えられています。こうした樹木は、どうやって選択されるのでしょう？　建物の周りやアプローチなどの土地条件をもとに、植栽を検討・決定する場が「植栽ゾーニング」です。「植栽ゾーニング」を知っておくと、その施設を建設した方々の意図が透けて見えるので、樹木との出会いがよりいっそう楽しくなります。

STEP 1

植栽を決定するには、植物が植わる土地の大きさや常緑か落葉かなどを考慮しながら、まずはラフ画で樹木を配置します。住宅の場合、道路からプライバシーを守るための工夫が特に重要です。玄関周りにシンボルツリーや花木などを配置し、低木を多く植えることで、心地よい生活が生まれるので、そこを意識します。

モデルケース　中型マンション案

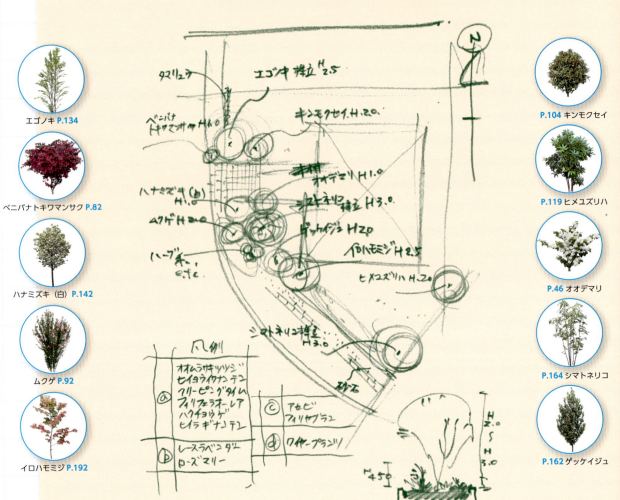

エゴノキ P.134

ベニバナトキワマンサク P.82

ハナミズキ（白）P.142

ムクゲ P.92

イロハモミジ P.192

P.104 キンモクセイ

P.119 ヒメユズリハ

P.46 オオデマリ

P.164 シマトネリコ

P.162 ゲッケイジュ

STEP 2

植栽の決定権は「顧客」にあります。植栽デザイナーの思いを伝えるために、ラフ画で検討したものを具体的なイラストにします。イラストにするとイメージが捉えやすくなるので、顧客にしっかりとしたイメージを持ってもらえるようになります。

STEP 3

植栽のプランが決定したら、植物を発注します。今回のケースでは、以下の樹木が発注されることになりました。植栽の木々は、こうした過程を経て私たちの街にやって来るのです。

樹種	高さ	樹径	数量	樹種	高さ	樹径	数量
エゴノキ	H2.5m	2m	3本	アセビ	H1.0m	1.0m	8本
キンモクセイ	H2m	1.0m	2本	セイヨウイワナンテン	H0.8m	0.6m	8本
ハナミズキ(白)	H2m	1.0m	1本	ハクチョウゲ	H1.0m	0.8m	4本
ハナミズキ(赤)	H2m	1.0m	2本	フィリフェラオーレア	H0.8m	0.6m	2本
ヒメユズリハ	H2m	1.0m	1本	タマリュウ	H0.2m	0.3m	50P
イロハモミジ	H3m	1.5m	2本	ワイヤープランツ	H0.4m	0.4m	20P
シマトネリコ	H1.5m	1.0m	5本	ローズマリー	H0.5m	0.5m	10本
オオムラサキツツジ	H0.6m	0.5m	12本	レースラベンダー	H0.6m	0.6m	6本
ヒイラギナンテン	H0.8m	0.6m	8本	フイリヤブラン	H0.2m	0.3m	20P

小低木

成長しても「樹高が3m以下」の樹木です。
戸建ての外構をはじめ、マンションの植栽、公園、生け垣など、
どこでも植えられており、最もよく見かける樹木たちです。

青木
アオキ

常緑　小低木

ミズキ科
樹高2m
花期3〜4月
秋〜冬に赤い実をつける。

落ち着いた雰囲気の品種
8月　樹高54cm

アオキ独特の模様、斑入り品種
8月　樹高64cm

日陰でもよく育つが、乾燥に弱い。一年中青々としていることからこの名がついた。葉の模様が印象的！　模様のない種もある。和を感じさせることから、和風の植栽向き。

園や庭の日陰〜
半日陰な場所など

原寸大

明るい斑入り品種
8月

原寸大

品種を問わず実は赤い
2月

原寸大

年中青く光沢がある
8月

冬、つやのある赤実をつける

春、小さな花を咲かせる

15

早春、小さな白い花を
穂状に咲かせる

年中美しい葉の姿の樹形
10月　樹高52cm

原寸大

光沢のあるきれいな緑の葉
9月

早春にたわわに咲く壷状の小さな花が特徴。成長が遅く樹形がよくまとまる。
日陰でも育つので利用価値は高い。
有毒で馬が食べると酔ったようになるのでこの名前がついた。

お寺や庭にある樹木の
足下など

馬酔木

アセビ

常緑　小低木

ツツジ科
樹高2〜3m
花期2〜4月

ピンク色の花が咲く品種
3月

花をいっぱい咲かせた樹形
4月　樹高48cm

17

11月、花が終わった後、ガクが赤い花を咲かせたたように見える

原寸大
4月
斑入りの品種

原寸大
4月
街でよく見かける品種

7月に咲かせる花は強い香りがある

大気汚染、刈り込み、気温の変化に非常に強い。成長が早いため剪定は必須。
開花時期が長く、いつも花をつけている。
花色は白とピンクがあり、葉に斑が入る品種もある。

公園の明るい場所、
街路や外構の
生け垣など

アベリア

拡大

夏から秋に花を咲かせ
る花色には白とピンク
の品種がある
花の長さ　約2cm

常緑　小低木

スイカズラ科
樹高1〜1.5m
花期6〜10月

拡大

花をいっぱい咲かせた樹形
9月　樹高52cm

苺木
イチゴノキ

常緑　小低木

ツツジ科
樹高2〜3m
開花期11月
果実期12月

真冬でも美しい姿
1月　樹高1m

秋に壺状の白花をたくさんつけ、同時にイチゴに似た赤く熟した果実もなる。
花や実が少ない時期に楽しめる貴重な存在。
果実はおいしくない。手間要らずでお勧めの低木。

庭の明るい場所など

11月、花と同じ時期にイチゴに似た実をつける

11月、スズランのようなかわいい花を咲かせる

原寸大

11月

21

冬になるとどんどん紅葉していく
11月　樹高40cm

お多福南天
オタフクナンテン

原寸大

葉の中心がふくらんで
いるのが特徴　10月

常緑　小低木

メギ科
樹高50cm

常緑でありながらきれいに紅葉するのが特徴。
縁起の良い樹とされ、丈夫で成長も遅く樹形がよくまとまるので、
場所を問わず広く植えられる。和洋問わずマッチするのも良し。

公園や街路の
半日陰な場所、
庭、外構の生け垣など

原寸大
10月

ギルトエッジ

12月　樹高58cm

常緑　小低木
グミ科
樹高60〜1.5m

6月　樹高52cm

明るい葉が魅力で、彩りも感じられることから人気が高い。
刈り込みにも強く育てやすい。一年を通じて斑入りの葉が楽しめる。
乾燥にも強いので、屋上緑化に利用されることも。

公園の明るい場所、
庭、外構の生け垣など

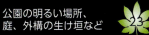

23

12月が収穫期

金柑
キンカン

常緑　小低木

ミカン科
樹高1〜2m
開花期7〜9月
果実期2〜4月

原寸大

1月

1月　樹高1m30cm

24

果樹として古くから親しまれる。
樹高はあまり高くならず、暑さ寒さに強い上に剪定にも耐える。
食べることのできる樹木を植えたい方にお勧め。アゲハチョウが卵を産みにくる。

庭の明るい場所など

9月　樹高63cm

6月　樹高60cm

梔子

クチナシ

常緑　小低木

アカネ科
樹高1〜2m
開花期6〜7月

7月

11月

原寸大

5月

日陰でも育つ貴重な存在。香りの良い花木の代表格で、初夏に甘い香りを漂わす。
梅雨時期に涼しげな白い花を咲かせ、秋には橙赤色の果実をつける。
寒さに弱いので寒冷地は不向き。

庭の半日陰な場所など

25

皐月

サツキ

常緑　小低木

ツツジ科
樹高1〜1.5m
開花期5〜6月

生育旺盛なので、
樹形は暴れやすい
7月　樹高45cm

5月　樹高45cm

5月　樹高53cm

花のない時期も年中葉をつける

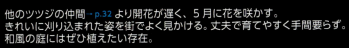

他のツツジの仲間 → p.32 より開花が遅く、5月に花を咲かす。
きれいに刈り込まれた姿を街でよく見かける。丈夫で育てやすく手間要らず。
和風の庭にはぜひ植えたい存在。

公園、街路や外構の
生け垣、庭など

シルバープリペット

常緑 小低木

モクセイ科
樹高1.5〜2m
開花期5月

自然な雰囲気の姿
7月　樹高46cm

28

洋風の雰囲気が漂い、白い斑入りの葉が涼しげで美しい。
花も咲くので一年中楽しめる。
ただ成長が早く、放置すると樹形が暴れやすいので剪定が必要。刈り込みには強い。

公園や庭の明るい場所、
外構の生け垣など

原寸大
10月

原寸大
5月

丸く刈り込んだ姿
7月　樹高65cm

29

3月　樹高56cm

原寸大
3月

2月　樹高50cm

沈丁花
ジンチョウゲ

常緑　小低木

樹高1m
開花期3〜4月

三大香木（クチナシ→p.25、キンモクセイ→p.104、ジンチョウゲ）の一つ。
早春に良い香りの小花を咲かす。香り、花、樹形の全てがとても上品な和風の木。
成長は遅いが、丈夫で育てやすい。

公園や庭の
半日陰な場所、
及び樹木の足下など

12月

原寸大
11月

千両
センリョウ

常緑	小低木

センリョウ科
樹高0.6〜1m
果実期11〜1月

11月　樹高54cm

日当りの悪い場所でも育つ貴重な存在。日本では昔から馴染みのある植物で、和風の庭にはぜひ植えたい。冬に赤・黄色の美しい実をつける縁起木で、正月飾りには欠かせない。

公園や庭の
半日陰な場所など

31

原寸大

12月

5月、赤・ピンク・白などの花色があり、
違う花の色が混在する姿が美しい

4月　樹高65cm

平戸躑躅
ヒラドツツジ

常緑　小低木

ツツジ科
樹高2〜3m
開花期4〜5月

7月　樹高60cm

ツツジの中で、街で最もよく見られるのがヒラドツツジ。
大きな花を数多く開花させる。淡紅・紫・朱・白など花色も様々。
刈り込みに強く、丈夫で育てやすい。

公園、街路や外構の
生け垣、庭など

いろいろな躑躅
ツツジ

常緑　小低木
開花期4〜5月

3月　ゲンカイツツジ

4月　コバノミツバツツジ

4月　ミツバツツジ

4月　キリシマツツジ

4月　樹高76cm　キリシマツツジ

4月　クルメツツジ

4月　樹高45cm　クルメツツジ

サクラが散ったあと街を彩る花のツツジ。
日本では古くから親しまれ、たくさんの品種が生み出されている。
花や葉の大きさ、形はさまざま。

莢の姿

紅葉した葉

原寸大

6月、花後に
ピンクの莢をつける

トドナエア

常緑 小低木
樹高2〜3m

6月　樹高84cm

冬に紅葉するのだが、紅葉のまま落葉しない特徴がある。
花は地味だが、花後にピンクの鞘をたくさんつけるのも面白い。
一年を通して変化がある楽しい樹木。とても育てやすい。

庭の明るい場所など

10月 樹高52cm

業平柊南天
ナリヒラヒイラギナンテン

原寸大
葉の棘は
鋭くないので痛くない
9月

秋に黄色い花を咲かせる

常緑 小低木
ツツジ科
樹高2〜3m
開花期10〜12月

花の少ない冬の時期に芳香のある黄色い花を咲かせてくれる貴重な存在。
樹形が美しく、和洋どちらの庭にもよく似合う数少ない低木。
とても丈夫なので利用価値は高い。

公園や庭の
半日陰な場所など

南天
ナンテン

常緑 小低木

メギ科
樹高2m
開花期6〜7月

原寸大

6〜7月、真っ白い
花を咲かせる

原寸大

3月

和をイメージさせる低木といえばナンテン。
難を転じる（ナンテン）縁起木として定番の樹木である。
真っ赤な実が印象的。非常に丈夫で手がかからない。

公園や庭の半日陰〜
明るい場所など

原寸大
2月

7月　樹高48cm

赤い実をつけた樹形

11月　樹高72cm

37

原寸大
10月

原寸大
紅葉した葉
12月

公園や庭の日陰〜
半日陰な場所など

38

柊南天
ヒイラギナンテン

常緑　小低木

メギ科
樹高1.5〜2m
開花期3〜4月

3月　樹高52cm

4月、実をつける

紅葉した樹形

11月　樹高45cm

3月、黄色い花を咲かせる

和洋どちらにも合う貴重な存在。
日陰でも生育し、丈夫で成長が遅いので、利用価値は高い。
棘のある葉があるのが特徴。冬になると葉の色が緑、黄、赤と様々に紅葉する。

きれいに刈り込まれた樹形
6月　樹高50cm

ボックスウッド

[別名　セイヨウツゲ]

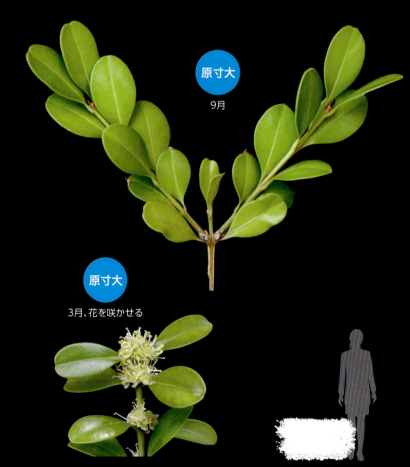

原寸大

9月

原寸大

3月、花を咲かせる

常緑　小低木

ツゲ科
樹高1～2m
開花期3～4月

明るい丸い葉が特徴で、ほとんど手がかからないので人気がある。
洋風テイストなので、洋風の庭ができたらまず植えたい。
刈り込みにも強く、万人向けのお勧め低木!

庭の半日陰～
明るい場所、
街路や外構の生け垣

原寸大

10月

12月、美しい赤い実をつける

万両

マンリョウ

常緑　小低木

ヤブコウジ科
樹高0.6～1m
果実期12～2月

12月　樹高42cm

日陰でも育ち大きくならないので、
狭い庭にもぴったり。
見ての通り縁起の良さそうな樹木
で、正月の縁起物によく使われる。
秋から初冬にかけて宝石のような
実をつける。

庭の日陰～
半日陰な場所など

41

真冬に開花する花

冬でも大きい葉をもつ樹形
1月　樹高1m10cm

5月　樹高1m30cm

とても丈夫で日陰でもよく育つ。
薄暗い場所に低木が欲しい場合、ヤツデかアオキ→p.14 を植えれば間違いない。
一年中青々とした大きな手のひら状の葉は、和風の庭には欠かせない。

公園・神社・庭の日陰
〜半日陰な場所など

八手
ヤツデ

原寸大

葉が8つに分かれているといわれているが、実際は9裂もしくは7か11裂のものが多い。

常緑　小低木
ウコギ科
樹高1〜3m
開花期11〜12月

43

空木
ウツギ
[別名 ウノハナ（卯の花）]

落葉　小低木

アジサイ科
樹高2〜3m
開花期5〜6月

8月　樹高94cm

花を咲かせた樹形
6月　樹高1m20cm

44

原寸大
9月

原寸大
紅葉した葉と実
11月

原寸大
5月

山野や畑の近くにちょくちょく自生している。
初夏には白いかわいい花を枝いっぱいにつける姿は、なかなか見事。
丈夫な上に花を次々と咲かせてくれるので、利用価値は高い。

庭の明るい場所、
外構の生け垣など

45

4月

原寸大

真っ赤に紅葉した葉
11月

花のない時期の樹形
6月　樹高1m50cm

庭の明るい場所など

原寸大
4月

大手毬
オオデマリ

落葉　小低木

スイカズラ科
樹高3〜4m
開花期5〜6月

花を咲かせた樹形
4月　樹高97cm

比較的手間要らず。アジサイのような球状の密集した白い花を咲かせる。
花も美しいが卵形の葉もかわいく、秋には真っ赤に紅葉して美しい。
四季の変化が楽しめるのでお勧め!

47

小手毬

コデマリ

落葉　小低木

バラ科
樹高1〜1.5m
開花期4〜5月

原寸大

葉は互い違いに
生じるのが特徴
10月

花のない時期の樹形
9月　樹高80cm

3mmほどの小さな花が
半球状にまとまって咲く

花を咲かせた樹形
4月　樹高83cm

丈夫で育てやすく手間要らずなため、庭木として人気。
4～5月にかけて手毬状の花をたくさんつけるので、鑑賞価値がとても高い。
秋には紅葉も楽しめる。

公園や庭の明るい～
半日陰な場所など

灯台躑躅

ドウダンツツジ

落葉 小低木

ツツジ科
樹高2m
開花期4〜5月

原寸大
9月

原寸大
美しく紅葉した葉
12月

丈夫で育てやすい。春にはスズランのような白い花、夏には明るい緑の葉、秋には真っ赤に紅葉と、四季を通じて楽しませてくれる。見た目もかわいいので、利用価値は高い。

公園や庭の半日陰〜明るい場所、街路や外構の生け垣など

春にたくさんの花を咲かせる

9月　樹高60cm

紅葉の美しい樹形
12月　樹高55cm

51

錦木

ニシキギ

落葉　小低木

ニシキギ科
樹高2〜3m

夏の樹形
6月　樹高58cm

紅葉した樹形
12月　樹高65cm

公園や庭の明るい場所、
外構の生け垣など

原寸大

枝にあるコルク質の
翼（ヨク）が特徴
9月

原寸大

とても鮮やかな
紅葉が特徴
12月

小さな花を咲かせる　5月

枝にコルク質の羽っぽいものがつくのが特徴。
紅葉が美しく、紅葉時の姿を「錦」に例えてこの名がついた。
この木があると秋が多いに楽しめる。ただ、落葉が早いのが玉に瑕。

ブルーベリー

紅葉した樹形
12月　樹高48cm

原寸大

12月

落葉　小低木

ツツジ科
樹高1〜2m
開花期5〜6月
果実期7〜8月

54

春にはかわいい白い花を咲かせ、夏には実をつける。
秋の紅葉も美しいので、通年楽しむことができる。
実を楽しむ場合は、種類の違うブルーベリーを2本以上植えるとよい。

庭の明るい場所

原寸大

8月

5月　樹高56cm

4月　花が咲く　　　　　6月　実をつける　　　　　7～9月、収穫期　　　　　11月、紅葉する

3月

4月

3月

11月

秋になると5〜6cmぐらいの実をつける。生食は
できないが、ジャムや果実酒として使われる。

木瓜
ボケ

落葉　小低木

バラ科
樹高1〜2m
開花期2〜5月

風情を感じる和の花木。
冬の頃から花が咲き始め、春には枝いっぱいに花をつける。
難点は花期以外の観賞価値が低いこと。またトゲがあって樹形が暴れやすいのも欠点か。

公園や庭の明るい場所

原寸大

3月
品種は200を超え、
花色も白、赤、ピンク、橙など
さまざま

原寸大

2月

花をいっぱい咲かせた樹形
3月　樹高63cm

57

12月、葉が黄色く色づく

山吹
ヤマブキ

落葉　小低木
バラ科
樹高1～1.5m
開花期4～5月

4月　樹高84cm

一重咲きの品種もある　4月

丈夫で育てやすいので庭木にお勧め。春に鮮やかな黄色花をたくさん咲かせる。山吹色とはヤマブキの花の色のこと。身近にあると、毎年美しい花が楽しめる。

公園や庭の
半日陰な場所など

よく見るのは
八重咲きの品種
4月

4月

59

雪柳

ユキヤナギ

落葉　小低木
バラ科
樹高1〜1.5m
開花期3〜4月

春、花の姿
4月　樹高88cm

秋、紅葉した姿
12月　樹高52cm

公園や庭の
明るい場所など

原寸大
4月

原寸大
10月

夏、葉の姿
8月　樹高60cm

原寸大
12月

筆者の大好きな低木！春に咲く花木の中でも真っ白なユキヤナギは圧倒的な存在感。小さな花と小さな葉が特徴で、春は花、夏は新緑、秋は紅葉と一年を通して楽しめる。

61

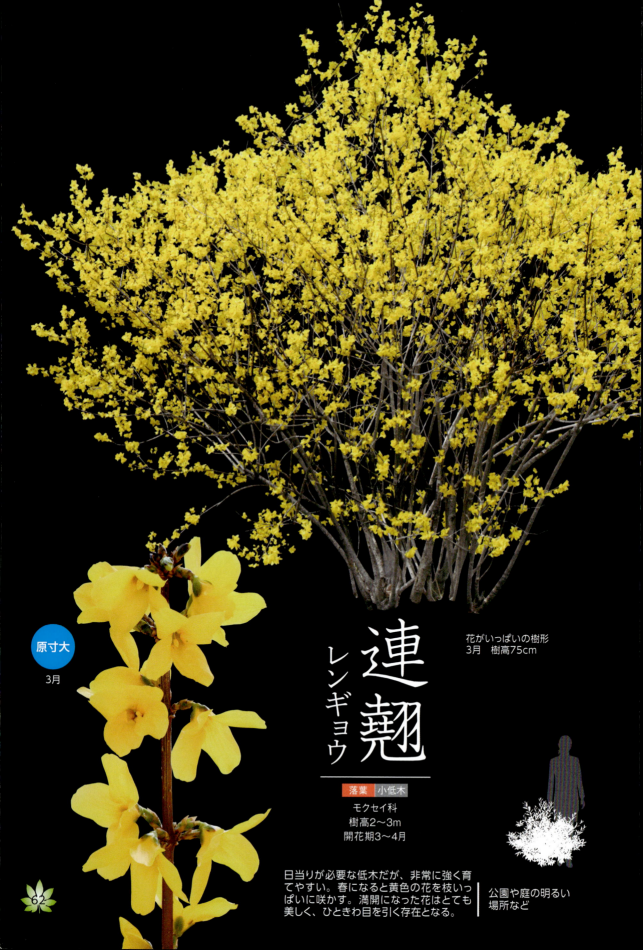

原寸大

3月

花がいっぱいの樹形
3月　樹高75cm

連翹
レンギョウ

落葉　小低木

モクセイ科
樹高2〜3m
開花期3〜4月

日当りが必要な低木だが、非常に強く育てやすい。春になると黄色の花を枝いっぱいに咲かす。満開になった花はとても美しく、ひときわ目を引く存在となる。

公園や庭の明るい場所など

原寸大

葉は無毛ですべすべ
10月

新緑のころの樹形
5月　樹高80cm

63

低木

成長したら「樹高が3〜5m」になる樹木です。
そこまで大きくならないので、小低木と同じように
さまざまな場所に植えられ大活躍しています。

原寸大

冬に赤い実をつける

春に花を咲かせる

要黐

カナメモチ

常緑　低木

バラ科
樹高3〜5m
開花期3〜6月

赤い新芽が美しく、生け垣として人気　4月

4月　樹高1m20cm

新芽が赤いのが特徴。
丈夫で刈り込みに強く葉も密に茂るので、庭木や生け垣として人気。
近年は新芽が真っ赤なレッドロビンという園芸品種が多く出回り、街を彩っている。

公園や庭の明るい場所、
庭や外構の生け垣など

花は大きく艶やか
5月

石楠花
シャクナゲ

常緑　低木

ツツジ科
樹高1〜5m
開花期4〜5月

4月　樹高1m7cm

人気は高いが、暑さや過湿、環境の変化に弱いので、植栽場所には注意が必要。
4〜5月ツツジ→ p.32 に似た花をつける。
豪華で派手な印象。花色も多く赤、白、黄、紫、ピンクなど様々

公園や庭の
半日陰な場所など

車輪梅
シャリンバイ

常緑　低木

バラ科
樹高2〜4m
開花期5〜6月
果実期9〜10月

原寸大

控え目でありつつ
存在感のある花
4月

2月　樹高54cm

大気汚染や刈り込み、さらに潮風にも強いため、
使用方法に制約が少ない便利な低木。
5月頃に白い花をいっぱいに咲かせ、秋には球形の実が黒紫色に熟す。

公園や庭の明るい場所、
街路や外構の生け垣など

実をつけた樹形
11月　樹高46cm

3月

原寸大

10月

ソテツは雌雄異株で、
雌の木と雄の木がある
9月　樹高2m

9月　樹高1m40cm

南国を思わせる独特の樹形。なにかしら和風の雰囲気もある。
育てやすく生育も遅いので、末永く植栽できる。
多少寒さに弱いところがあるので、寒冷地には向かない。

公園、庭、学校の
明るい場所など

蘇鉄
ソテツ

常緑 低木

ソテツ科
樹高3〜5m

原寸大

ツヤのある大きな葉
8月

雌花　7月

成長は遅いが、樹高は5mを超えることも

原寸大
5月

4月

トベラ 扉

常緑　低木

トベラ科
樹高3〜5m
開花期5〜6月

3月　樹高60cm

72

5月、白い花を
咲かせる

12月、実がはじけて赤い種を見せる

原寸大
9月

原寸大
6月

5～6月にかわいい花をたくさん咲かせ、秋になると実が裂開し赤い種子を見せる。
乾燥や大気汚染、潮風にも強いため便利に使える低木だが、枝葉を切ると悪臭を
出すのが玉に瑕。

公園、街路、
庭の明るい場所など

73

写真のような
花序をたくさんつける
4月

白山木

ハクサンボク

常緑　低木

スイカズラ科
樹高3〜5m
開花期3〜4月
果実期10月

秋に赤い実をたくさんつける

原寸大

9月

冬の実をつけた樹形
12月　樹高80cm

5月　樹高1m10cm

春にガクアジサイっぽい白い花を多数つけ、秋には赤い実をつけ紅葉。
常緑樹であるものの季節感も感じさせてくれる。
丈夫で樹形も整いやすい樹木だが、独特の臭気が少しある。

庭の明るい場所など

浜姫榊

ハマヒサカキ

常緑　低木

ツバキ科
樹高2～4m

原寸大

9月

実をつける　1月

花を咲かせる　11月

光沢のある葉　6月

7月　樹高60cm

乾燥や潮風、排気ガスなどの悪条件、さらに日陰で痩せた土地でも成長する貴重な存在。美しい光沢のある葉を持ち、晩秋になると葉の付け根に小さな白い花を咲かせる

公園や庭の明るい〜日陰な場所、公園、街路、外構の生け垣など

ピラカンサ

赤い実をたくさんつけた樹形
11月　樹高1m45cm

原寸大
10月

常緑	低木

バラ科
樹高3〜4m
開花期5〜6月
果実期10〜2月

たくさんの実をつける　11月　　　　花を咲かせる　6月　　　　葉の姿　3月

春には白い花を咲かせ、秋には赤やオレンジのカラフルな実をたくさんつけるので、印象に残りやすい樹木。ただ成長が早く、放置していると樹形が荒れた雑な姿になりやすい。

公園や庭の明るい〜半日陰な場所、庭や外構の生け垣など

夏の樹形
7月　樹高1m70cm

5〜7月、南国風の花を咲かせる

78

葉は、表はツヤがあり、裏には綿毛が密生

原寸大
2月

6月

原寸大

秋に結実。種の異なる株を
2本以上植えるのが
ポイント

フェイジョア

常緑　低木

フトモモ科
樹高3〜5m
開花期6月
果実期11〜12月

初夏に南国風な赤と白の花をたくさんつけ、秋には実をつける。
熟した実はパイナップルのような香りがあり食べることができる。
あまり大きくならず、手間もかからない。

庭の明るい場所など

花をたくさんつけた樹形
5月　樹高3m50cm

夏の樹形
9月　樹高3m

コップやビンを洗うブラシのような形をした赤い花が
特徴。春に開花。とても個性的で目立つ花木をお探
しならこれ。暑さと乾燥には強いが過湿に弱い。

庭の明るい〜
半日陰な場所など

ブラシノキ

常緑	低木

フトモモ科
樹高3〜4m
開花期5〜6月

原寸大

秋につける種　9月

原寸大

コップを洗う
ブラシのような花
5月

紅花常磐万作

ベニバナトキワマンサク

花をたくさんつけた樹形
4月　樹高80cm

4月

常緑　低木

マンサク科
樹高3〜5m
開花期4〜5月

とても丈夫で、刈り込みにも強い。
春に赤い花をつけ常緑の葉も赤みがかるので、植栽のアクセントとして最適。
洋風でも和風でもよく似合う。同種に白い花を咲かせるものも。

庭の明るい〜
半日陰な場所、
庭や外構の生け垣など

耐陰性があるので、明るい日陰
でも美しい花色が楽しめる

原寸大
9月

6月　樹高82cm

赤みがかった葉
10月

黄色の斑が美しい品種
5月　樹高53cm

マサキ 柾

常緑　低木

ニシキギ科
樹高3〜4m

原寸大
斑入りの葉
3月

原寸大
12月

潮風や大気汚染に強く、刈り込みに強いため庭木や生け垣としての使用が多い。
最近は斑入り種をよく見かける。明るい雰囲気で洋風向き。
難点は、病害虫の被害にあいやすい。

公園や庭の明るい〜
半日陰な場所、
庭や外構の生け垣など

原寸大

斑のない品種は
落ち着いた雰囲気
9月

斑入りは艶やかなので、
洋風に合う
10月　樹高1m80cm

85

実をたくさんつけた樹形
11月　樹高1m48cm

蜜柑
ミカン

常緑	低木

ミカン科
3〜4m
開花期5月
果実期10〜12月

花を咲かせた樹形
5月　樹高1m50cm

柑橘系の樹木の中では育てやすい。寒さにやや弱いので暖地向き。
身近にあるとミカン狩りが楽しめる。
アゲハチョウが卵を産みにやってくる楽しみもある。

庭の明るい場所など

10月下旬から12月にかけ
収穫期をむかえる

原寸大

原寸大
2月

花弁が特徴の花は3cmほどの大きさ
5月

ミカンは受粉しなくても果実ができる

あまりたくさん実をつけると木が
疲れるので、適度に間引くとよい

87

原寸大
7月

花や木全体から
香辛料的な香りが漂う
7月　樹高1m80cm

鮮やかな青い花をたくさんつけるのが特徴。
初夏から秋の訪れまで花を楽しませてくれる。葉の形が手のひらっぽいのも面白い。
涼しげで洋風をイメージさせる。育成は容易。

公園や庭の半日陰〜
明るい場所など

西洋人参木

セイヨウニンジンボク

落葉　低木

シソ科
樹高2〜4m
開花期6〜8月

6〜8月、花が楽しめる

花はぶら下がって咲く　5月

原寸大

7月

実もぶら下がる　9月

吊花
ツリバナ

落葉　低木

ニシキギ科
樹高3〜4m
開花期5月
果実期9〜10月

5月　樹高1m55cm

枝から垂れ下がる小さい花と、鮮やかな赤い実が特徴。
涼しげで自然な雰囲気、しかも紅葉も美しいのでとても魅力的。
生長が遅く、丈夫で育てやすいのでお勧め。

庭の半日陰な場所など

花
4月

原寸大
8月

花蘇芳
ハナズオウ

原寸大
実
9月

落葉　低木

マメ科
樹高3〜5m
開花期3〜4月

4月　樹高1m

7月　樹高80cm

春に薄紫色の花を枝いっぱいにつけた姿が印象的。
花のあとはハート型の葉をつけ、秋には平たい豆鞘がたくさん垂れ下がる。
育てやすいのでお勧め。

公園や庭の
明るい場所など

木槿
ムクゲ

落葉　低木

ツバキ科
樹高2〜4m

7〜9月の真夏に花を咲かせる

花をいっぱい咲かせた樹形
7月　樹高1m80cm

さまざまな品種があるので、タイプの違った花が楽しめる

原寸大

5月

横に広がらないので、
林立させやすい
4月　樹高1m80cm

夏から秋にハイビスカスのような花を咲かせる。
花色が豊富で八重咲きなどもあり、花期も長く次々に開花するので、
花を楽しむのに最適な樹木。乾燥や刈り込みにも強い。

公園や庭の明るい場所、
街路や外構の生け垣
など

10月　樹高85cm

紅葉した樹形
12月　樹高1m20cm

蝋梅
ロウバイ

落葉　低木

ツバキ科
樹高2〜4m

花をつけた樹形
2月　樹高80cm

94

真冬に咲く貴重な花
1月

原寸大
12月

原寸大
6月

花の少ない冬に花を咲かす貴重な存在。
ロウ細工のような半透明の花で、とても良い芳香を放つ。
早春を感じるのに最適な樹木。丈夫で育てやすいのも良い。

公園や庭の明るい～
半日陰な場所など

95

小高木

成長すると「樹高5〜8m」になる樹木です。
手を入れればそれなりのサイズに収まるので、
戸建てやマンション、公園などでよく植えられています。

9月　樹高52cm

犬黄楊
イヌツゲ

常緑	小高木

ミモチノキ科
樹高4〜8m

原寸大

10月

小さな実をつける　10月

葉は小さくあまり目立たないが、年中青い葉で真冬でも景観を保てる。
剪定に強く、動物の姿に刈り込まれた樹木の多くはこのイヌツゲ。
耐寒性もありとても育てやすい。

公園の明るい場所、
庭や外構の生け垣など

葉と実　10月

きれいに仕立てられた樹形
9月　樹高1m45cm

こんもりとした樹形。和風庭園などよく見られる
9月　樹高52cm

原寸大
2月

カクレミノの葉には
さまざまな形がある

原寸大
10月

葉が5つや3つに裂けた形から普通の丸い形と様々混雑する面白い木。
和風でも洋風でも、自然でいい雰囲気がある。
日陰やじめじめした悪条件の場所がよく、好立地には向かない。

公園や庭の半日陰～
日陰な場所など

隠蓑
カクレミノ

常緑 小高木
ウコギ科
樹高4〜6m

原寸大

紅葉した葉
12月

10月　樹高2m10cm

101

花を咲かせた樹形
7月 樹高62cm

タケに似た葉をつけ、夏にはモモに似た鮮やかな花を咲かせる。
丈夫で大気汚染に強く防音効果もあるため活用範囲は広い。
ただ全体に毒があるので、取り扱いには気をつけたい。

公園の明るい場所、
街路や工場地帯の
生け垣など

夾竹桃
キョウチクトウ

常緑 小高木
キョウチクトウ科
樹高4〜5m
開花期6〜9月

原寸大
12月

6月　樹高63cm

7月

金木犀

キンモクセイ

常緑 小高木

モクセイ科
樹高3〜6m
開花期9〜10月

原寸大

秋に咲く花は
とてもよい香りがする
9月

7月　樹高1m50cm

秋の花の香りといえばキンモクセイ。
香りだけでなく花をつけた姿も美し
い。秋に花をつける樹木は少ないの
で貴重。通年葉をつけ刈り込みにも
耐えるので、活躍の場は広い。

公園や庭の明るい〜
半日陰な場所、
庭や外構の生け垣など

花をたくさんつけた樹形
10月　樹高1m40cm

原寸大

3月

コニファー類

近年、日本では洋風の住宅や公園が多くなり、それにともないコニファー類の針葉樹が多く見られるようになった。独特の樹形、西洋的雰囲気、常緑なことから大変人気が高く、現在では200品種近くが出回っている。コニファー類は乾燥には弱い反面、水をやりすぎると根が腐るため、人気の割に育成は難しい。また樹高が1～20mと様々で、品種によっては大きくなりすぎるので注意が必要。

原寸大

不思議な形の実をつける
9月

児手柏

[別名：オウゴンコノテ]

コノテガシワ

常緑　小高木

ヒノキ科
樹高3～8m

葉が平面状に縦並びするのが特徴

9月　樹高1m20cm

暑さ寒さに強く、刈り込みにも耐える強健な品種。
いつも鮮やかな緑が素晴らしい。
とても育てやすいのだが、放置しておくとすぐに大きくなるので剪定が必須。

公園・街路・庭の明るい
～半日陰な場所など

スカイロケット

常緑　小高木

ヒノキ科
樹高4〜6m

樹高1m80cm

やや青みがかった葉色が特徴

縦長な樹形が特徴。横にほとんど広がらないので、狭い場所や広がっては
困る場所に最適。ブルー系コニファーの代表種で人気がある。
約5mにまで成長。見た目の通り横風に弱い。

公園・街路・庭の明るい
〜半日陰な場所など

原寸大

葉を揉むと柑橘形の香りがする
10月

ニオイヒバ

常緑 小高木
ヒノキ科
樹高6〜10m

1cmほどの球果が熟す　10月

3月　樹高2m

名前の通り、ほのかな芳香を放つ。香りは、少し甘さが混じる鉛筆の削りかす。
品種によって2〜15mと様々。日当たりと水はけを確保できればよく育つ。
刈り込みにも強い。

公園や庭の明るい場所、
庭や外構の生け垣など

青みがかった葉
9月

ブルーヘブン

常緑　小高木

ヒノキ科
樹高4〜6m

4月　樹高2m30cm

葉も枝も直上して横に広がらない

ブルー系コニファーでは最も丈夫で育てやすい。
シンボルツリーとして人気が高い。樹高は4〜5mになる。
コニファー類にしては寒さにやや弱いので、寒冷地には不向き

公園・街路・庭の明るい
〜半日陰な場所など

1月　樹高1m70cm

山茶花
サザンカ

常緑　小高木

ツバキ科
樹高4〜6m
開花期10〜12月

5月　樹高70cm

冬の訪れとともに開花する。花のない時期に咲いてくれる貴重な花木。
花色の豊富さ、咲き方の多様さも大きな魅力。
日陰でも育ち、大気汚染にも強いので、活用範囲は広い。

公園や庭の明るい〜
日陰な場所、街路や
外構の生け垣など

花色は赤、白、ピンク、複色などがある

原寸大

11月

似た花でツバキがあるが、一般的に花が終わった後、ツバキは花首から落ちるのに対し、ササンカは花びらがぱらぱらと散る。

原寸大

9月

111

珊瑚樹

サンゴジュ

常緑　小高木

スイカズラ科
樹高6〜8m
開花期6月
果実期8〜10月

6月　樹高1m65cm

果実がサンゴに似ていることからこの名前がついた。
水分を多く含み葉も分厚いため、延焼を抑える能力がとても高い。
非常に丈夫で日陰でも育つので、植栽する利点は多い。

公園や庭の明るい〜
日陰な場所、街路・
外構・工場の生け垣など

割れ目（皮目）が多い樹皮

花　6月

秋に珊瑚のような美しい実をつける

原寸大

葉は光沢があり分厚い
8月

原寸大

常緑でありながら紅葉する
12月

113

自然な雰囲気の株立ち樹形
4月　樹高2m35cm

5月　花

原寸大

特徴である赤い実が
つくのは雌株のみ
11月

冬青
ソヨゴ

常緑　小高木

モチノキ科
樹高6〜8m
開花期5〜6月

風にそよそよとなびく姿からこの名がついた。初夏に小さな
花を咲かせ、秋に赤い実をつける。常緑、株立ち、あまり大
きくならない、手入れが簡単。人気が高いのも納得！

公園や庭の明るい〜
半日陰な場所など

1年通して緑が美しい

7月　樹高2m30cm

[別名：ヤブツバキ]

椿
ツバキ

常緑　小高木

ツバキ科
樹高5〜8m
開花期4〜5月

原寸大

10月

4月　樹高76cm

ツヤのある大きな実をつける。
この中の種からツバキ油ができる
8月

3月　樹高1m90cm

日本を代表する花木の一つで、冬に咲く貴重な存在。
多くの園芸品種が生み出され、世界でも人気がある。丈夫で日陰でもOK。
しかも成長も遅いので、和風の植栽にお勧め。

公園や庭の明るい〜
日陰な場所、街路や
庭の生け垣など

2月　イカリ紋

3月　岩根紋

3月　月の都

3月　天倫寺月光

2月　白寿

3月　明石潟

2月　ベティー フォイ サンダース

2月　モモジノヒグラシ

3月　月の輪

3月　紅羽衣

3月　春の台

2月　土佐有楽

3月　婆の木

3月　抜筆

3月　緋色沖の石

葉　8月

白い花をつける　11月

ヒイラギ 柊

常緑　小高木

モクセイ科
樹高5〜8m
開花期11〜12月

原寸大

老木になると
だんだんとトゲが
少なくなる
12月

6月　樹高47cm

118

葉の棘が特徴。魔除けや縁起木として昔から庭木や生け垣に利用されてきたが、
棘が敬遠され、最近は人気にやや陰り。
ただ、逆にこの棘が防犯上有効として植える人も。

庭の明るい〜
日陰な場所、
外構の生け垣など

ユズリハ→p.184と比べると葉の長さは3分の2ほど

11月　樹高1m60cm

秋には実が黒く熟す
11月

原寸大

姫譲葉
ヒメユズリハ

常緑　小高木
ユズリハ科
樹高5〜8m

ユズリハ→p.184 より葉がやや小ぶり。
古葉が席を譲るように新葉が出るという変わった特徴から縁起木とされ、
公園や庭のシンボルツリーとして人気。大きく育つと見応え十分。

公園・庭・街路の明るい
〜日陰な場所など

枇杷

ビワ

常緑 小高木

樹高5〜8m
開花期11〜12月
果実期6月

原寸大

6月

2月　樹高1m80cm

原寸大

11月

6月、実の収穫期

でこぼこした大きな葉　8月

12月、花を咲かせる

葉が大きく成長が早いことが災いし、
家の日当たりを悪くする縁起の悪い木として敬遠されることも。
しかし丈夫で育てやすく実も楽しめるため、家庭果樹としては優秀。

公園や庭の明るい〜
日陰な場所など

原寸大

葉　5月

ミモザ

[ギンヨウアカシアやフサアカシアのことを一般にミモザという]

常緑　小高木

マメ科
樹高5〜8m
開花期2〜4月

原寸大

若い実　5月

花をいっぱい咲かせた樹形
3月　樹高2m80cm

早春に淡黄色の花を木全体に咲かせるので、とても印象的。
丈夫で育てやすいのだが、成長速度の割に枝や幹が細いのでよく折れる。
倒木の危険がある場合は大胆な剪定も。

公園や庭の
明るい場所など

原寸大

早春が開花時期
3月

夏の樹形
7月　樹高3m

123

若い実と葉
5月

亜米利加采振木

アメリカサイフリボク

[別名：ジューンベリー]

落葉　小高木
バラ科
樹高4〜5m
開花期4月下旬

5月　樹高2m20cm

124

春に白い花、初夏に赤い実、秋の紅葉と一年中楽しめる。
実は食べることができ、かつ育成も容易なのでお勧め。
別名のジューンベリーは、6月に実をつけることからつけられた。

公園や庭の
明るい場所など

4月、花を咲かせる

花をいっぱい咲かせた樹形
4月　樹高1m70cm

6月、実が赤く熟す

亜米利加梯梧
アメリカデイゴ

花を咲かせた樹形
6月　樹高4m20cm

落葉　小高木

マメ科
樹高2〜5m
開花期6〜8月

真っ赤な南国風の花を咲かすのが特徴で、鹿児島県の県木になっている。トロピカルの雰囲気を出すには最適。ただ寒さに弱く日当りも必要なので、本州南部以南でないと難しい。

公園や街路の
明るい場所など

粗く割れた樹皮が特徴　　　　　　　　　　　　　　　　花は色と形が南国風　6月

原寸大

10月

種によって違うが、
8月ごろが収穫期

6月　樹高1m40cm

縁起が悪い、果実が不老長寿なので良い、等々諸説あるが、
育てやすく果実も楽しめる素敵な樹木。乾燥に弱いので水切れに注意。
耐寒性もやや低いので東北以北では厳しい。

公園や庭の
明るい場所など

葉は3か5裂し互生する　6月

無花果
イチジク

落葉　小高木

クワ科
樹高2〜5m
果実期8〜10月

原寸大

9月

129

犬枇杷
イヌビワ

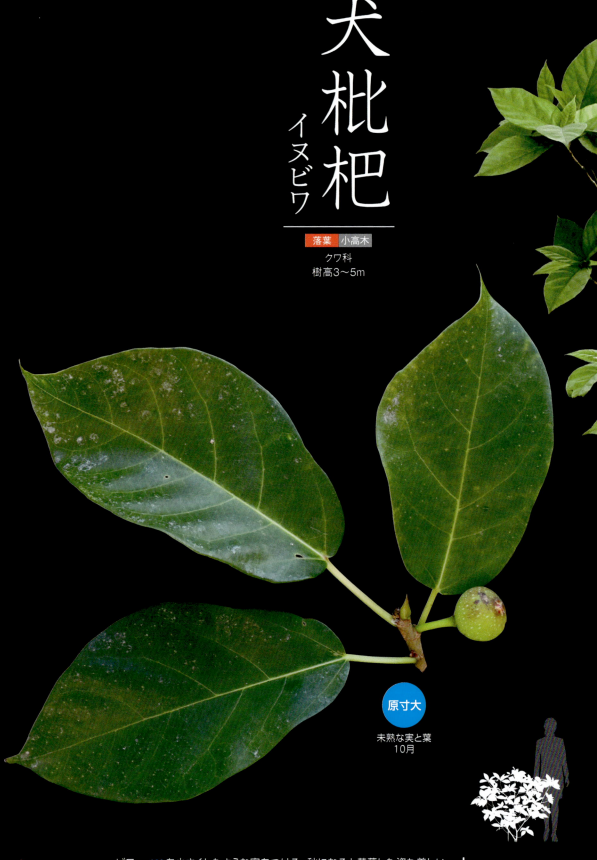

落葉 **小高木**

クワ科
樹高3〜5m

原寸大

未熟な実と葉
10月

ビワ→p.120 を小さくしたような実をつける。秋になると黄葉した姿も美しい。
ビワとついているがイチジクの仲間なので、寒さに少し弱い。
寒冷地には向かない。

公園や庭の
明るい場所など

3月　樹高90cm

黄色く色づく　12月

10月に熟す実は食用には向かない

3月　楊貴妃

<ruby>梅<rt>ウメ</rt></ruby>

落葉　小高木

バラ科
樹高5〜8m
開花期2〜3月
果実期6月

3月　樹高2m30cm

3月　芳流閣

6月が収穫期

7月　樹高2m20cm

公園・街路・庭の
明るい場所など

一番に春の訪れを知らせてくれる花木。
観賞用や食用と、日本人にはとても馴染み深い。
花色が豊富で香りも良いのでお勧め。ただ虫がつきやすく、予防と手入れが必要だ

3月　樹高2m

2月　紅千鳥

2月　鹿児島紅

2月　大盃

2月　南高

3月　楊貴妃

3月　八重千鳥

2月　樹高2m5cm

紅葉した樹形
12月　樹高2m30cm

133

原寸大
6月

エゴノキ

[別名　チシャノキ]

落葉　小高木

エゴノキ科
樹高7〜8m
開花期5〜6月

花をつけた株立ち樹形
5月　樹高2m80cm

134

初夏に白いかわいい花を枝いっぱいに咲かせる。
株立ちに仕立てられた樹形はとても素敵で、最近はシンボルツリーとしてよく見かける。
耐寒性、耐暑性もあり丈夫でお勧め。

公園や庭の
明るい場所など

実は食用ではない
9月

5〜6月、釣り鐘状に花を咲かせる

6月　樹高5m

135

石榴
ザクロ

落葉 小高木

ザクロ科
樹高5〜6m
開花期6〜8月
果実期10〜11月

10〜12月が収穫期

6月　樹高3m20cm

秋にたくさんの実をつける。病気や害虫の心配が少なく手間の
かからない樹木だが、おいしい実を収穫するためは手間が必要。
日当たりが悪いと花つきが悪くなるので注意。

公園や庭の明るい〜
半日陰な場所など

原寸大

表面は滑らかで光沢がある
9月

朱色の花を咲かせる　6月

特徴ある実がよく目立つ　10月

葉が黄色く色づく　12月

主に、果樹として植えるもの（実ザクロ）と、庭木や鑑賞用としてのもの（花ザクロ）がある。日本では花ザクロが主流。

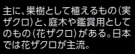

137

山茱萸

サンシュユ

落葉　小高木

ミズキ科
樹高6〜8m
開花期3〜4月

花をいっぱい咲かせた樹形
3月　樹高2m80cm

若い実と葉
10月

紅葉した樹形
11月　樹高1m95cm

春の訪れとともに黄色の小花を木一
面に咲かせてくれる。夏には緑、秋
には紅葉、冬には真っ赤な実と、季
節とともに様々に変化。どの季節も
素晴らしく、美しい姿が楽しめる。

公園や庭の明るい〜
半日陰な場所など

花房の大きさは直径2〜3cm
4月

原寸大
11月

原寸大
赤い実をたくさんつける
11月

卵状楕円形で葉脈がくっきりしているのが特徴　5月

5月　樹高2m20cm

4月、小さな花をつける

野村紅葉
ノムラモミジ

落葉　小高木

カエデ科
樹高4〜6m

原寸大

葉は芽吹くころから赤い
4月

春に赤い葉をつける。新緑の中で紅葉したような姿はインパクト絶大。
環境によって夏場に葉が緑っぽくなることがあるらしい。
日当たりのよい適度に湿った場所だと、より鮮やかに紅葉する。

公園や庭の明るい〜
半日陰な場所など

いつでも紅葉したような姿
4月　樹高1m85cm

原寸大

6月

カラーリーフとして上手く配置すると、
とてもオシャレな植栽ができる

赤い花をつけた樹形
4月
樹高4m

白い花をつけた樹形
4月
樹高4m20cm

花水木
ハナミズキ

[別名：アメリカヤマボウシ]

花びらに見えるのは実は
色づいた葉。花はその中
心に密集して咲く

落葉 小高木

ミズキ科
樹高6〜8m
開花期4〜5月

花色には赤や白、
ピンクなどがある

大変人気のある花木。
私の好きな樹木の一つで、自宅のシンボルツリーにしている。
春の花、夏の新緑、秋の紅葉や赤い実、晩秋の落葉、と四季の変化を感じさせてくれる。

公園・街路・庭の
明るい場所など

夏の樹形
6月
樹高3m40cm

紅葉した樹形
11月
樹高3m20cm

原寸大

紅葉時期に赤い実をつける

原寸大

8月

143

花桃

ハナモモ

落葉　小高木

バラ科
樹高4〜6m
開花期3〜4月

3月　樹高3m80cm　照手桃(白)

八重咲きの品種は桃の節句に活用できる

3月

3月　樹高2m60cm　照手桃(赤)

花の観賞用に品種改良したので、食用には適さない。ひなまつりの花として親しまれる。ほうき立ち性、枝垂れ性などがありスペースに応じて植栽できるので、庭木として人気。

公園・街路・庭の明るい場所など

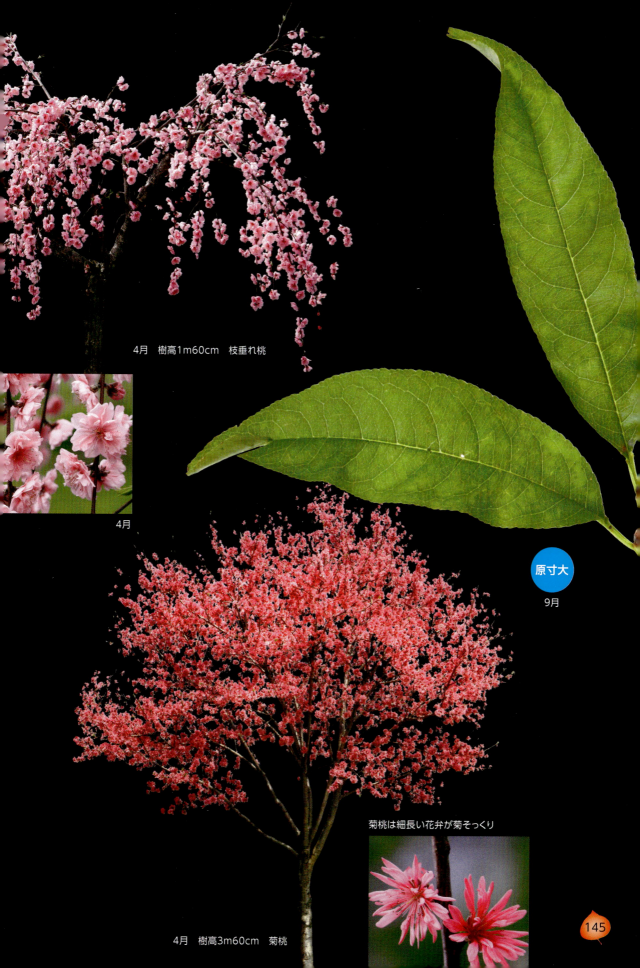

4月　樹高1m60cm　枝垂れ桃

4月

原寸大

9月

菊桃は細長い花弁が菊そっくり

4月　樹高3m60cm　菊桃

145

原寸大

5月

4月

紅葉李
ベニバスモモ

[別名：ベニスモモ]

落葉　小高木

バラ科
樹高6〜8m
開花期4月
果実期7〜8月

5月　樹高2m60cm

4月　樹高2m70cm

春はサクラ → p.208 に似た花が満開となり、同時に紫の葉をつける。
夏になると赤い果実が実る。葉はいつも紅葉したような紅紫色なので、
彩りのある変化に富んだ庭作りにお勧めの樹木。

公園・街路・庭の
明るい場所など

原寸大

10月

紫色の品種
4月

ライラック

落葉 小高木

モクセイ科
樹高2〜5m
開花期4〜5月

白色の品種　4月

4月　樹高1m10cm

寒冷地の代表木で、北国では
公園や街路でよく見かける。
東海以南での育成は厳しい。春
に紫や白などの花を咲かせる。
香りがよく香水の原料にも。葉
はハート型でかわいらしい。

公園・街路・庭の
明るい場所など

147

高木

成長すると「樹高が8〜20m」に達する樹木です。
宅地に植えるには大型なので、
シンボルツリーとして植えられます。
公園などではよく見かける樹木たちです。

4月、花をつける

粗樫
アラカシ

常緑　高木

ブナ科
樹高15〜20m

11月　樹高4m

西日本に多く自生。似た種にシラカシ→p.168があるが、こちらは関東地区に多い。
秋になると帽子をかぶったかわいいドングリをたくさんつける。
一年中緑色のきれいな葉が楽しめる。

公園や街路の明るい〜
半日陰な場所など

1月、ドングリ熟成中

比較的平滑な樹皮

原寸大
10月

原寸大
若いドングリ
10月

原寸大
熟したドングリ
3月

7月　樹高1m70cm

151

「玉散らし」仕立て
8月　樹高3m10cm

犬槇
イヌマキ

常緑　高木

マキ科
樹高10〜15m

「円錐形」仕立て
7月　樹高3m10cm

潮風や大気汚染に強く、強剪定にも耐えるので、さまざまな場所に広く植えられている。場所を選ばず成長も遅いので育てやすい。ただ寒さに少し弱く、東北以北には向かない。

公園・庭の半日陰〜明るい場所、外構・街路・工場の生け垣など

原寸大

先端の緑色がタネ、
赤い部分は果床
10月

「玉散らし」仕立て

樹皮はヒノキのように薄く裂ける

刈り込みに強いので、
場所や用途により多用
な姿をみせてくれる

「生け垣」仕立て

原寸大

ドングリは
2年かけて熟す。
このドングリは未熟

原寸大

未熟なドングリと葉
10月

原寸大

5月、花をつける

丸く刈り込んだ樹形
5月　樹高40cm

小さく、触るとカサカサとした葉を持つので、触っただけでこの樹だとわかる。
成長が遅く剪定や乾燥に強いので、生け垣にお勧め。
潮風や大気汚染にも強いが、寒さにやや弱い。

公園・街路・庭の
明るい〜半日陰な場所、
庭や外構の生け垣など

革質で堅く
カサカサしている
4月

姥目樫

ウバメガシ

常緑 高木

ブナ科
樹高8～10m

材は緻密で備長炭の原料となる

5月　樹高1m50cm

155

オリーブ
阿列布

常緑 　高木

モクセイ科
樹高8〜12m
開花期5〜6月
果実期9〜12月

7月　樹高4m50cm

原寸大

葉の表は光沢ある濃緑色、
裏は銀白色

南国のイメージが強いが、日本でも大変人気がある。
見た目がよく育てやすいので、シンボルツリーとして見かける。
ただこまめに手入れをしないと姿が荒れ、手に負えなくなる。

庭の明るい場所など

原寸大

オリーブの花
5月

5月

10月

1つの品種だけだと花は咲くが実がつかない。
実を楽しむなら2品種以上を一緒に育てよう

原寸大

熟した実
11月

オリーブの若木
6月　樹高1m40cm

貝塚伊吹

カイヅカイブキ

常緑　高木

ヒノキ科
樹高8〜12m

4月　樹高4m30cm

大気汚染に強いので、中央分離帯などによく植栽される。
葉が密生するので目隠しに最適。手入れをしないと枝が巻き上がるように成長する。
マメな手入れでよい雰囲気を保とう。

学校・公園・庭の明るい
場所、庭・外構・街路の
生け垣など

原寸大

1月　写真のように、柔らかい葉に中に針のようにとがった葉が出ることがある。杉葉というが、水や栄養不足、強剪定などのストレスが原因といわれている。

通常の葉は線状でしなやか

大きな凹凸が特徴の樹皮

荒れ気味の樹形
10月　樹高2m60cm

黒鉄黐

クロガネモチ

5月、花を咲かせる

2月、たくさんの赤い実をつける

常緑 **高木**

モチノキ科
樹高12〜16m

原寸大

11月

160

秋から冬にかけてかわいい赤い実をたくさんつける。
雌雄異株なので実を楽しむなら雌株を。樹形に風格があるので、私が好きな樹木。
大気汚染や潮風に強いが、寒さはやや苦手。

学校・公園・街路・庭の
明るい〜半日陰な
場所など

5月　樹高4m80cm

灰白色でザラザラな樹皮

葉を乾燥させたものがローリエ

4月、花を咲かせる

8月　樹高2m

勝者を称える「月桂冠」の植物として有名で、香辛料としてもよく使われる。
私も自宅に植えて、乾燥葉を料理に利用している。
剪定に強く丈夫だが、実虫がつきやすいが玉に瑕。

公園や庭の明るい〜
半日陰な場所など

樹高8〜12m
開花期4〜5月

葉のまわりが波打つのが特徴
6月

刈り込んできれいな形に
仕立てることもできる

原寸大

月桂樹

ゲッケイジュ

常緑　高木

クスノキ科
樹高8〜12m
開花期4〜5月

163

原寸大

花のつぼみと葉
6月

島桜
シマトネリコ

常緑 高木

モクセイ科
樹高8〜15m
開花期6〜7月

株立ちの樹形
12月　樹高2m40cm

明るい印象の樹木で人気が高い。
ツヤのある葉と涼しげな樹形、特に株立ちに仕立てられた姿は素晴らしい。
和風、洋風どちらの家にも似合うので、シンボルツリーとして最適。

庭の明るい〜
半日陰な場所など

原寸大

白い翼をもった実をつける
10月

6月　樹高2m30cm

棕櫚

[別名：ワジュロ]

シュロ

常緑　高木

ヤシ科
樹高4〜12m

9月　樹高2m20cm

南国風だが寒さには強い。
生育は遅く、丈夫で手間要らずだが、放置すると伸びすぎて手に負えなくなることも。
鳥が実を食べて種子を運ぶため、勝手に生えてくることがある。

公園や庭の日陰〜
明るい場所など

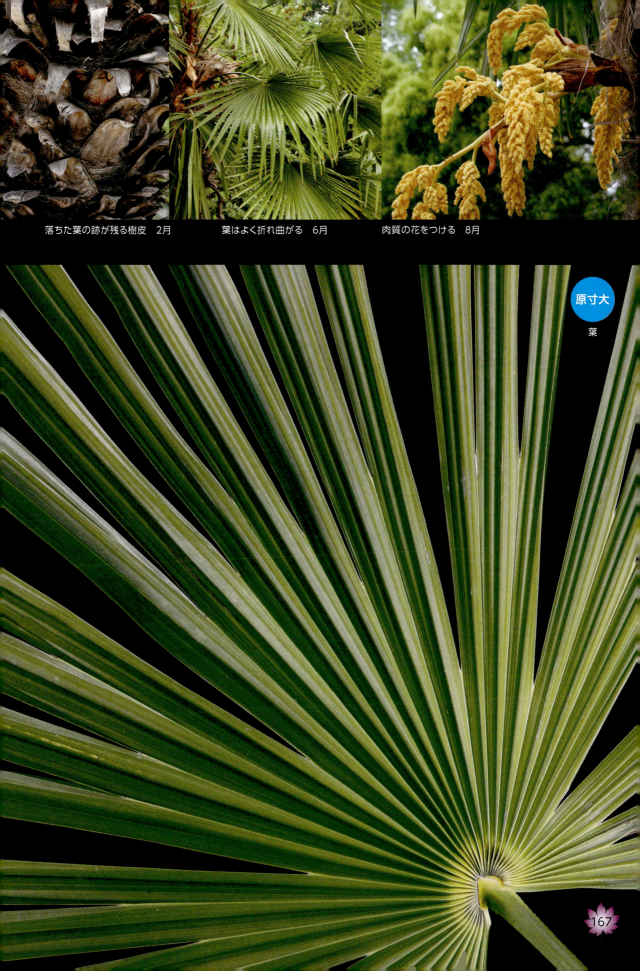

落ちた葉の跡が残る樹皮　2月　　　葉はよく折れ曲がる　6月　　　肉質の花をつける　8月

原寸大

葉

原寸大

10月

白樫
シラカシ

常緑　高木

ブナ科
樹高20m

6月　樹高3m40cm

一年中緑色のきれいな葉をつけていて、秋になるとかわいい帽子を
かぶったドングリをたくさんつける。剪定に強いので生け垣向き。
耐寒性も高く、水はけの悪い場所でも育つ。

公園や街路の半日陰〜
明るい場所、外構の
生け垣など

168

原寸大
10月

原寸大
11月

秋にたくさんつけるドングリ

葉は光沢があって硬い

株立ちの樹形
10月　樹高3m20cm

169

泰山木
タイサンボク

常緑	高木

モクレン科
樹高16〜20m
開花期5〜7月

大きな純白の花を咲かせる
6月

花が散ったあとの実の姿

原寸大
9月

6月頃、真っ白で大きな花を咲かせる。
日本では樹木の花の中で最大。葉は大きく光沢がある。
剪定には強くないが、あまり大きくしたくない場合は花後すぐに剪定を。

公園や庭の
明るい場所など

日本の樹木の花では
最大サイズを誇る

4月　樹高4m20cm

多羅葉

タラヨウ

常緑　高木

モチノキ科
樹高18m前後

10月　樹高2m10cm

原寸大

実がなるのは雌の木
1月

別名ハガキノキといわれ、葉の裏をとがったものでなぞると字が書ける。
郵便局のシンボルツリーとして定められ、郵便局によく植えられている。
寺や神社でもよく見かける。

寺・神社・公園・街路
の明るい〜半日陰な
場所など

5月、花をつける

4月　樹高4m40cm

花をたくさん咲かせた樹形
7月　樹高2m40cm

原寸大
9月

174

秋に黒紫の丸い実を多数つける。
鳥が実を食べて種子を運ぶため、勝手に生えることも。
乾燥、公害、日陰に強く、道路や工場の緑化に活躍中。剪定にも耐えるので生け垣にも。

工場・公園・街路・庭
の明るい〜日陰な
場所など

実
12月

原寸大
花
7月

唐鼠黐
トウネズミモチ

常緑　高木
モクセイ科
樹高12〜15m
開花期6〜7月

175

フェニックス

[別名：カナリーヤシ]

常緑 高木

ヤシ科
樹高10～15m

10月　樹高9m

南国特有の迫力と存在感があり、公園やリゾート地、官公庁によく見られる。九州地方では街路樹としても使われる。

公園や街路の明るい場所など

9月　樹高4m50cm

樹皮　　　　　　　　　　　　実

観葉植物としても
使われる

馬刀葉椎

マテバシイ

原寸大
熟したドングリ
10月

原寸大
他のシイに比べて葉が巨大
9月

常緑	高木

ブナ科
樹高8〜12m
開花期5〜6月

6月頃クリ→p.202 の花に似た花をつけ、秋にたくさんのドングリをつける。このドングリは食べることができる。劣悪な環境でも育つので、街路樹や工場の緑化としてよく利用される。

公園・街路・工場の明るい場所など

たくさんの花をつける　6月

冬の時期でも緑の葉　12月

12月　樹高3m90cm

赤い葉柄が特徴

丸く仕立てた樹形
11月　樹高78cm

木斛
モッコク

常緑　高木

ツバキ科
樹高8〜12m

原寸大

新芽は赤く色づくことがある
10月

庭には欠かせない樹木とされ、モチノキ、モクセイと並ぶ三大庭木の一つ。
成長が遅く芽吹きが弱いので剪定が難しい。
ただ樹形には風格があり、手をかけるほど美しくなる。

公園や庭の半日陰〜
明るい場所など

赤い実をつける　10月

原寸大

小さな花をつける
6月

原寸大

葉は表も裏も
葉脈が目立たない

玉散らし仕立ての樹形
12月　樹高2m20cm

原寸大

完熟前の実と葉
6月

3月に咲いた雄花

7月、実が熟す

山桃

ヤマモモ

常緑　高木

ヤマモモ科
樹高10〜15m
開花期3〜4月
果実期6〜7月

初夏にモモの様な実をつける。実は食用で、ジャムや果実酒に使われる。
雌雄異株で実がなるのは雌株。
街路や公共の場所では実が落ちて汚れないように、雄株を使う場合が多い。

公園や庭の明るい〜
半日陰な場所

原寸大

葉は枝先に
集まって茂る

8月　樹高3m60cm

譲葉
ユズリハ

常緑 | 高木

ユズリハ科
樹高8〜12m

原寸大

11月

6月　樹高1m50cm

4月、花をつける

10月、実が熟す

下の葉が落ち上から新芽が出る

新芽が生えそろったら古い葉を一斉に落とすのが特徴。
この特徴から、世代が代々続いていく願いを込めて縁起木とされている。
丈夫で成長が遅く、日陰や大気汚染にも強い。

公園や街路の明るい〜
日陰な場所など

縁起木とは

日本では古来より、祝い事に使われたり難を避ける効果があるなど、縁起が良いとされる樹木があります。名前から縁起がいいといわれる、その樹木の特徴から良いことがありそう、など由来はさまざまです。そのいくつかを紹介します。

ユズリハ (p.184)	新芽が出ると古い葉がゆずるように散る。代々後世に引き継がれるよう願いを込める。
マツ (p.242)	松竹梅の一つ。庭木として人気がある針葉樹で、長寿を願う。
ウメ (p.132)	松竹梅の一つ。厳しい冬に耐えて一番に咲くことから縁起が良いとされる。
ナンテン (p.36)	「難を転ずる」名前から、厄災を退ける力があるといわれる。
ニシキギ (p.52)	「故郷に錦を飾る」ことから縁起の良い木とされる。
ナナカマド (p.222)	7回かまどに入れても燃えないと言われ、火難を避けるとされる。
キンカン (p.24)	金色の実をつけ、金運や昇進を願い、幸運をもたらすといわれる。
イチョウ (p.254)	古代から生き続けていることから、生命力があり繁栄のシンボルとされる。
マンリョウ (p.41)	「万両」という名前と、長い期間にわたり実をつけることから、長く栄える願いを込める。
ヒイラギ (p.118)	葉に鋭い棘を持ち、鬼の侵入を防ぐといわれる。防犯にも良い。
サルスベリ (p.214)	夏の暑い時期に花を100日以上咲かすことから、幸せが長く続くといわれる。

青桐
アオギリ

落葉　高木

アオギリ科
樹高15〜20m

原寸大

6月

186

名前の由来は青い幹のキリに似た木らしいが、実際はあまり似ていない。
材が軽く加工しやすいので建具、家具、楽器に利用される。
浅根性なので風で倒れることが。適度な剪定で樹高を抑えるとよい。

公園・街路・庭の
半日陰〜明るい場所など

若い実

緑がかって滑らかな樹皮

6月　樹高3m30cm

187

青梻

アオダモ

落葉　高木

モクセイ科
樹高12〜15m

株立ちの樹形
7月　樹高2m20cm

188

春に白い花を咲かせ、清々しい雰囲気のある樹木。
近年この木を株立ちで見かけることがよくある。
新興住宅地やおしゃれなレストランなどに多く、涼やかな樹形が好まれている。

公園や庭の
明るい場所など

春の若葉

紅葉した葉と実

原寸大
6月

6月ごろ、白い花をたくさん咲かせる

原寸大
11月

秋楡
アキニレ

落葉　高木

ニレ科
樹高15m

原寸大

9月ごろ、実をつける

原寸大

黄色く色づく葉
12月

ニレ科では珍しく秋に花をつけるのでこの名がついた。
樹皮のマダラ模様が印象的。乾燥や大気汚染に強く、
強剪定にも耐えるので利用価値は高い。紅葉も美しいのでお勧め。

公園や庭の明るい〜
半日陰な場所など

樹皮は鱗状に剥がれ、
独特の模様となる

9月　樹高5m

以呂波紅葉

イロハモミジ

落葉　高木

カエデ科
樹高10〜15m

4月　樹高3m80cm

9月　樹高1m40cm

秋を彩る紅葉の代表格。夏には青々とした葉も楽しめるので人気は高い。
しかし乾燥に弱くこまめな水やりが必須。
直射日光にも弱く、毛虫もつきやすい。実は上級者向きの木。

公園や庭の
半日陰な場所など

原寸大
12月

9月　樹高4m20cm

原寸大
4月

11月　樹高3m70cm

適度な湿度があると鮮やかに色づく。乾燥する場所には不向き

11月　樹高1m90cm

原寸大 イロハモモジの
色の移り変わり

5月

8月

11月

12月

12月

195

柿の木

カキノキ

落葉　高木

カキノキ科
樹高8〜12m
果実期10〜11月

7月　樹高2m

5月ごろ、花が咲く

収穫期は10月ごろ

家庭果樹の代表格。田舎だと普通に見られるが、意外と都市部にも植わっている。
黄赤色に熟すことで秋の訪れを知らせてくれる。
なにかしら日本の風情を感じさせてくれる木だ。

庭の明るい場所など

11月　樹高2m80cm

原寸大
9月

紅葉した樹形
11月　樹高3m60cm

原寸大
11月

197

原寸大
9月

原寸大
12月

4月、花をつける

11月、葉が色づく

11月ごろ、実の収穫期

198

酒やのど飴などの原料として知られる。
春はピンクのかわいい花をつけ、秋に結実。果実には特有のいい芳香がある。
「金はカリン（借りん）」の語呂から商売の縁起木とされる。

公園や庭の明るい〜
半日陰な場所など

花梨

カリン

落葉　高木

バラ科

樹高8〜10m

10月　樹高4m20cm

クヌギ 椚

落葉　高木
ブナ科
樹高15〜18m

原寸大

11月

若木の樹形
6月　樹高4m50cm

樹皮は縦に溝がありゴツゴツしている

コナラ→ p.204 と並ぶ雑木林の代表格。
葉の周りにトゲトゲがあり秋には丸く大きなドングリをつける。
カブトやクワガタが集まる木なので植えたくなるが、成長が早く庭木には不向き。

公園の明るい場所など

原寸大

未熟なドングリ
10月

垂れ下がる雄花　4月

原寸大

もじゃもじゃ帽子のドングリ
12月

紅葉した樹形
12月　樹高7m80cm

201

栗

クリ

落葉　高木

ブナ科
樹高10〜12m
開花期5〜6月
果実期9〜11月

原寸大

5月

花をいっぱいつけた樹形
5月　樹高4m60cm

風情があるので植えたくなるが、庭には不向き。
樹勢がよく根も張るので建物への影響大。
しかも枯れると根が腐りシロアリの原因となることも。花の強い臭気も、私は少し苦手。

公園の明るい場所など

若い実をいっぱいつけた樹形
5月　樹高4m60cm

目立つのは雄花。
独特の臭気がある
5月

原寸大
10月

原寸大
12月

小楢
コナラ

落葉　高木

ブナ科
樹高15〜20m

原寸大

クヌギと比べると
葉が小さく丸い
8月

10月　樹高5m60cm

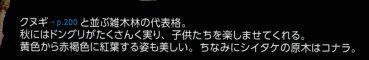

クヌギ→ p.200 と並ぶ雑木林の代表格。
秋にはドングリがたくさんく実り、子供たちを楽しませてくれる。
黄色から赤褐色に紅葉する姿も美しい。ちなみにシイタケの原木はコナラ。

公園の明るい場所など

目立つのは雄花　4月

クヌギ→p.200に比べ色が
薄く溝が浅い樹皮

原寸大
12月

原寸大
いわゆる典型的なドングリ

紅葉した樹形
12月　樹高6m20cm

辛夷

コブシ

落葉　高木

モクレン科
樹高10〜16m
開花期3〜4月
果実期9〜11月

花をつけた樹形
4月　樹高4m20cm

花は柑橘系の爽やかな香り
4月

樹皮は灰白色でザラザラしている

4月　樹高500cm

早春に咲く花木の代表格。
花がハクモクレン → p.230 に似ているが、コブシの方が小さく花弁が全開する。
丈夫で育てやすいが、成長が早いので大きくしたくない場合は剪定が必須。

公園・街路・庭の明るい
〜半日陰な場所など

原寸大

10月

紅葉した樹形
11月　樹高4m

秋につける実は
コブシ(拳)の形に似ている

サクラ類

日本人に最も馴染みが深い花木であるサクラ。600を超える品種があり様々な姿が見られる。庭木としては枝が張りすぎ、毛虫もつくので手入れが大変だが、庭にサクラの木があるのは憧れる。

4月

4月　6m20cn

原寸大

5月

一般に「サクラが咲いた」「桜前線」とはこの品種。
人生の転機、思い出の花として日本人の心に深く刻まれている花木だが、
乾燥や病害虫に弱いので、手間要らずとはいかない。

公園・街路・庭の
明るい場所など

染井吉野
ソメイヨシノ

落葉　高木

バラ科
樹高10〜15m
開花期4月

夏の樹形
6月　樹高4m20cm

紅葉した樹形
11月　樹高3m80cm

原寸大
12月

落葉した樹形
12月　樹高5m60cm

ソメイヨシノは全て
クローンなので、同
じ形の花を咲かせる

灰白色で浅い溝が
横に走る樹皮

花期が1ヶ月ぐらいと長いのが特徴。早咲のサクラの代表格で、早いと1月下旬から咲き始める。花色はソメイヨシノより濃いピンク。寒さにやや弱いので、庭植えだと関東以南。

3月　樹高2m50cm

河津桜
カワヅザクラ

落葉　高木

バラ科
樹高6〜10m
開花期2月

関山
カンザン

落葉　高木

バラ科
樹高8〜12m
開花期4〜5月

4月　樹高3m20cm

八重桜の代表のような品種。花期が1ヶ月ぐらいあるので、長い間楽しめる。ソメイヨシノに比べて丈夫なので育てやすい。花は塩漬けにして桜湯を楽しむこともできる。

寒緋桜

カンヒザクラ

落葉	高木

バラ科
樹高6〜8m
開花期1〜3月

沖縄でサクラといえばこの品種で、1月ごろから開花。釣り鐘状の濃いピンクの花が特徴。関東あたりだと3月半ばくらいに開花。寒さに弱いので、寒冷地には向かない。

3月　樹高3m30cm

3月　樹高4m20cm

枝垂れ桜

シダレザクラ

落葉	高木

バラ科
樹高10〜18m
開花期3〜4月

枝を長く垂らして花を咲かせる。独特の雰囲気と存在感があることから昔から大切にされ、各地に有名な古木がある。ちなみにシダレザクラは奈良・平安から続く歴史ある品種。

3月　樹高3m50cm

陽光桜

ヨウコウザクラ

落葉　高木

バラ科
樹高6〜8m
開花期3〜4月

ジュウガツザクラ

ウコン

濃いピンク色で大ぶりの花
が特徴。ソメイヨシノより
も早く開花する。病気に強
く耐寒性も高いので、全
国どこでも育てられる。戦
没した教え子のために教員
によって作出された。

エドヒガン

オオシマザクラ

一葉

松前薄紅九重

オカメザクラ

紅華

白妙

ザトザクラ

松月

麒麟

百日紅

サルスベリ

落葉　高木

ミソハギ科
樹高6〜10m
開花期7〜10月

6月　樹高2m60cm

8月

7月　樹高2m70cm

猿も滑る木肌が特徴。4ヶ月もある花期の長さが別名の由来。
夏を代表する花木の一つ。夏の青空に映える鮮やかな赤、白、紫の花を咲かせる。

公園・街路・庭の
明るい場所など

白いタイプもよく見る　9月

10月、種をつける

原寸大

葉は互い違いにつくらしいが、
厳密でないのがお茶目
10月

冬の樹形
12月　樹高2m70cm

ツルツルで薄く剥ける樹皮

215

原寸大

5月

花
3月

樹皮は暗褐色で荒々しく裂ける

枝垂れ柳

シダレヤナギ

[別名：ヤナギ]

落葉　高木

ヤナギ科
樹高8〜12m
開花期3〜4月

216

風に吹かれ揺れる姿はなにかしら日本の風情を感じ、
よく絵画や写真のモチーフなっている。
川沿いや湖畔のイメージが強いが乾燥にも耐える。成長が早いので庭には不向き。

園や街路の
明るい場所など

6月 樹高5m60cm

217

唐楓
トウカエデ

落葉　高木

カエデ科
樹高12〜20m
開花期2〜4月

原寸大

9月

10月　樹高6m50cm

花は淡緑色で控えめ　4月

紅葉がすごく美しい樹木。秋にやや小ぶりの葉が、黄色から赤に紅葉する。
公害に強く、成長も早くて剪定にも耐え、
しかも紅葉が綺麗なことから街路樹に選ばれることが多い。

公園・街路・庭の
明るい場所など

原寸大

種子　6月

原寸大

12月

樹皮は灰褐色で短冊状に剥がれる

11月　樹高7m

初夏に花を咲かせる

夏椿
ナツツバキ
[別名‥シャラノキ]

落葉　高木

ツバキ科
樹高10～15m
開花期6～7月

6月　樹高2m10cm

ツバキ→p.116 のような白花を夏に咲かせる。朝に開花し、夕方には落花する一日花。樹皮が滑らかでサルスベリ→p.214 のような質感。扱いやすく、庭木やシンボルツリーとして人気がある。

寺・神社・公園・庭の
半日陰〜明るい場所など

樹皮は灰白〜赤褐色。薄く剥がれる

原寸大

楕円状でやや厚ぼったい葉
5月

5月　樹高5m40cm

原寸大
8月

ナナカマド
七竈

落葉　高木

バラ科
樹高8〜10m
開花期4〜6月
果実期10〜11月

小さな5弁花が集まって咲く
4月

原寸大
未熟な実と葉
6月

原寸大

熟した実と葉
10月

実は落ちずに残っているので、
落葉後もしばらく楽しめる

6月　樹高3m60cm

紅葉の美しさは随一　12月

新緑の樹形
5月　樹高3m80cm

紅葉した樹形
11月　樹高5m50cm

224

かわいい葉をつけ、秋になると黄、紫、緑の混じった色に美しく紅葉する。
また秋には白い種子をたくさんつける。
白い部分は蝋質で、和ロウソクの材料として利用される。

学校・公園・街路の
明るい場所など

南京黄櫨

ナンキンハゼ

落葉　高木
トウダイグサ科
樹高10〜15m

原寸大
未熟な実と葉
9月

原寸大
風情ある雄花が
キュート
7月

原寸大
果皮が取れて
白い種子が現れる
11月

225

とても印象に残る形の花　7月

原寸大

6月

ネムノキという名前は、夜になると葉が合わさって閉じることに由来。
まさに「眠る樹」。6〜7月に繊細で美しい花を咲かせる。
ユニークでいて美しい樹木。

公園や庭の明るい〜
半日陰な場所など

合歓の木

ネムノキ

落葉　高木

マメ科
樹高10〜12m
開花期6〜8月

6月　樹高3m60cm

樹皮は灰褐色で縦に皮目が走る

原寸大

マメ科だけあって
豆がなる
9月

羽団扇楓

ハウチワカエデ

カエデ科
樹高6〜12m

4月　樹高2m10cm

よくあるカエデ類の葉よりも切り込みが浅く、丸い印象の葉をつける。
大きな葉で、紅葉すると見事で美しい。

公園や庭の
半日陰な場所など

春先に咲く紅紫色の花
4月

原寸大

他のカエデの葉に比べ
切れ込みが浅く
柄が短い
5月

原寸大

赤、黄、オレンジと
さまざまに色づく
11月

花が満開の樹形
3月　樹高3m20cm

コブシに比べ肉厚。
上向に咲く

世界でもポピュラーな花木の一つで、日本でも親しまれてきた。
春に大型の白い厚みのある花をたくさん咲かせる。満開になると強い香りを放つ。
暑さ・寒さに強く育てやすい。

公園や庭の明るい
場所など

白木蓮

ハクモクレン

落葉　高木

モクレン科
樹高8〜12m
開花期3〜4月

原寸大

肉厚でうすく光沢がある
8月

原寸大

秋の黄葉も美しい
10月

5月　樹高4m10cm

231

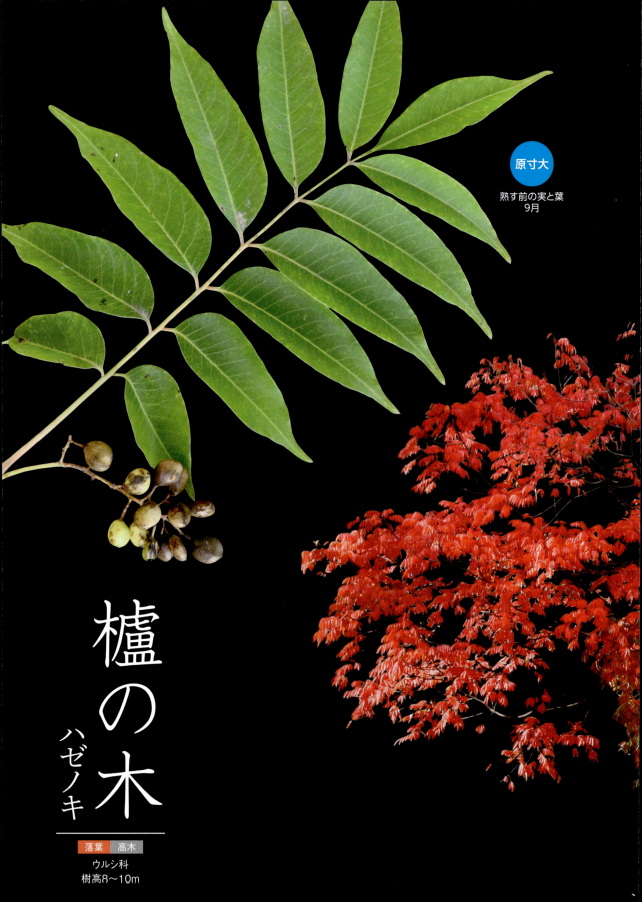

原寸大

熟す前の実と葉
9月

櫨の木
ハゼノキ

落葉　高木

ウルシ科
樹高8～10m

新緑の葉と紅葉の美しさが特徴。秋には楕円形の実がなる。
実には蝋分があり、和ロウソクの材料となる。
ウルシの仲間なので触るとかぶれる。植えるならよく似たヌルデを推奨。

公園の明るい場所など

紅葉が極めて美しい
11月

紅葉した樹形
11月　樹高4m40cm

目薬木
メグスリノキ

落葉　高木

カエデ科
樹高6〜10m

原寸大
夏の葉
7月

原寸大
紅葉した葉
12月

日本だけに自生する珍しい木。ぱっと見カエデっぽくないが、カエデの仲間。
樹皮を煎じた汁が目薬として使われてきたことが名前の由来。
紅葉した葉が美しいので人気がある。

公園・街路・庭の
半日陰〜明るい場所など

原寸大

羽根のある種子
10月

6月　樹高2m80cm

山法師
ヤマボウシ

落葉　高木
ミズキ科
樹高8〜12m
開花期5〜7月

ハナミズキ→p.142より
奥ゆかしい花　5月

原寸大
9月

8月　樹高5m40cm

梅雨に白い花を咲かせ、秋には可食の実をつける。
涼やかで品があり、紅葉も美しいのでシンボルツリーとしてお勧め。
ハナミズキ→p.142 に似ているが、ヤマボウシはやや和風の雰囲気。

公園・街路・庭の
明るい〜半日陰な
場所など

原寸大

意外と存在感のある実
9月

原寸大

11月

紅葉した樹形
11月　樹高3m

ピンク系の品種もある　5月

葉は全体に波打っているのが特徴　10月

熟すと食べられる。ほんのり甘い味　10月

大高木

成長すると「樹高が20mを超える」巨大な樹木です。
公園や大規模集合住宅クラスでないと植栽できない大きさ。
大切に育てると街のシンボルツリーになります。

楠 クスノキ

常緑 大高木

クスノキ科
樹高16〜20m

4月　樹高8m

公園にいくと多く見られる常緑広葉樹。とても丈夫で、樹齢 1 千年以上、
樹高 30m のものもあり、神木として崇められる巨樹も多い。
巨大で根張りもすごいので、植栽場所は要注意。

学校・公園・街路など
の明るい場所など

原寸大

未熟な実と葉
10月

小さな花をつける　5月

秋、古い葉は赤くなり落葉する

若木の樹形
7月　樹高3m30cm

1cmほどの実が黒く熟す　12月

樹皮は灰褐色で縦に深く割れる

黒松

クロマツ

常緑 大高木

マツ科
樹高20〜40m

原寸大

9月

11月　樹高2m80cm

圧倒的な存在感と風格があり、日本の風景にはなくてはならない樹木。
剪定に強く、手入れされた樹形は素晴らしい。
アカマツに比べ乾燥や潮風に強いので、都市部や海辺向き。

公園・街路・庭の
明るい場所など

大切に手入れされた樹形
9月　樹高4m80cm

実（マツボックリ）1月　　　　目立つのは雄花　4月　　　　樹皮は灰黒色で亀甲状に割れる

杉

スギ

常緑　大高木

ヒノキ科
樹高30〜40m
開花期3〜4月

若木の樹形
8月　樹高3m60cm

原寸大

10月

枝打ちされた杉林　11月

親指大の実　2月

雄花　3月

直線的でチクチクする葉　8月

樹皮には赤みがあり縦に薄く剥がれる

日本原産の樹木の中で最も高くなり、50mになるものも。
ヒノキ→ p.246 と並び広く植林され、日本で一番多く植えられている。
大気汚染や乾燥に強くないので、都市部には向かない。

寺・神社・公園の
明るい場所など

葉は枝分かれして柔らか
4月

枝打ちされたヒノキ林　5月

原寸大

熟成前の実をつけた葉
11月

ヒノキ　檜

常緑　大高木

ヒノキ科
樹高20〜30m

スギ→ p.244 に比べて大気汚染や乾燥に強いので、庭木で時折見かける。
また日陰に耐え剪定にも強いので、生け垣にも利用される。
巨木になるので庭木の場合はしっかりとした手入れを。

公園や庭の明るい〜
半日陰な場所、庭や
外構の生け垣など

樹皮はスギ→p.244に比べて
荒々しく幅広に剥がれる

完熟実はクラフト用品として人気　11月

6月　樹高8m

ひまらや杉

ヒマラヤスギ

常緑 大高木

マツ科
樹高30〜40m

針葉樹らしい美しい樹形
6月　樹高12m

バラに似た形が
シダーローズといわれ、
クラフト用品として大人気

原寸大

雄花のつぼみをつけた葉
10月

若い実　6月

葉　8月

樹皮は灰褐色で鱗状に剥がれる

開花した雄花　11月

世界三大造園木の一つで、美しく雄大な樹形が特徴。
成長が早く剪定にも強いので、小さく仕立てたり、生け垣にすることも可能。
マツ科なので大きなマツボックリを実らせる。

公園や学校の明るい〜
半日陰な場所など

249

葉は長さ2cm程度で
枝に螺旋状につく

モミノキ

樅

常緑　大高木

マツ科
樹高20〜30m

5月　樹高6m

大気汚染や暑さに弱い。丈夫そうだが意外と繊細な樹木。
しかし適した場所だと成長は早い。
クリスマスツリーに憧れて庭植えすると手に負えなくなるので、お勧めしない。

公園の明るい〜
半日陰な場所など

ユーカリ

写真はポポラスという品種。
ポポラスは根が浅いので
風で倒壊することも
10月　樹高2m10cm

常緑	大高木

フトモモ科
樹高5〜50m

原寸大

丸い葉が人気の
ユーカリ・ポポラス

ユーカリは500種以上の品種があり、樹高も50〜2mとさまざま。
高湿度が苦手なので日本での育成は意外と難しい。
ポポラスはあまり大きくならない品種で育てやすい。

公園や街路の明るい〜
半日陰な場所など

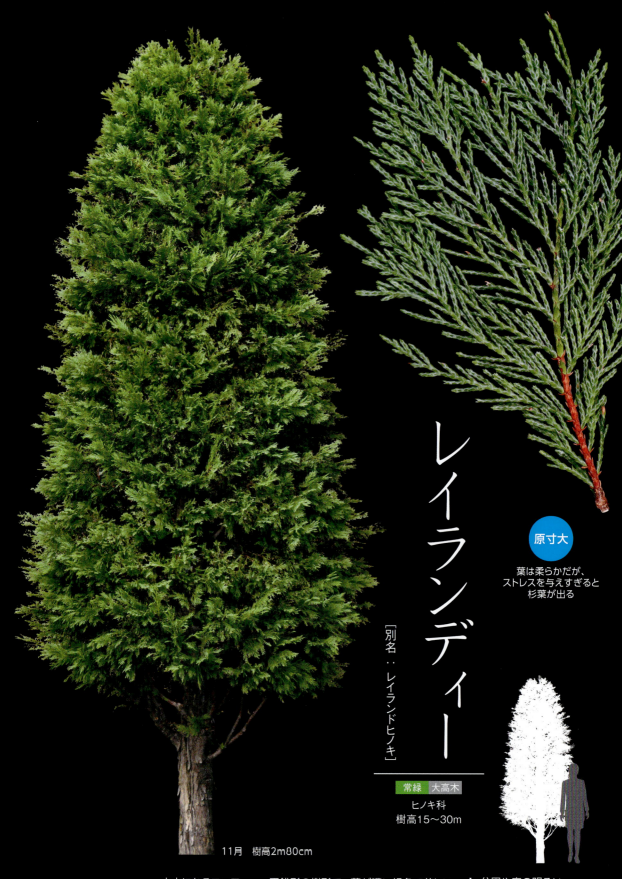

レイランディー

[別名：レイランドヒノキ]

原寸大

葉は柔らかだが、
ストレスを与えすぎると
杉葉が出る

常緑　大高木
ヒノキ科
樹高15〜30m

11月　樹高2m80cm

大木になるコニファー。円錐形の樹形で、葉が濃い緑色で美しい。
洋風をイメージさせ、庭木や生け垣として人気。
とても育てやすいが成長が早く、こまめな刈り込みが必要。

公園や庭の明るい〜
半日陰な場所、庭や
外構の生け垣など

ワシントンヤシ

常緑　大高木

ヤシ科
樹高15〜20m

4月　樹高10m

10月　樹高12m

南国風だが寒さには比較的強く、日本の土壌にも合うので、海岸沿いの街路樹や大型施設、公園などに多く見られる。幹が太く、海辺の強い風にも負けず高くそびえ立っている。

ホテル・公園・庭の明るい〜半日陰な場所など

原寸大

5月

紅葉した樹形
11月　樹高9m

原寸大

10月

晩夏の樹形
9月　樹高7m

落葉後の樹形
12月　樹高7m

雄花のつぼみ　4月

成熟した実　9月

葉の形は同じ木でもけっこう違う　8月

樹皮は淡灰褐色で縦に割れる

銀杏
イチョウ

落葉　大高木

イチョウ科
樹高20〜30m
果実期8〜10月(銀杏)

原寸大

成熟した実と葉
10月

黄葉する樹木の代表格で、東京・大阪・神奈川では都府県の木に指定。
雌雄異株で、雌株は美味しい銀杏を実らせる……が臭い。
子供の頃、銀杏を拾いに行ったのを懐かしく思う。

寺・神社・公園・街路
の明るい場所など

エ
ノ
キ

榎

落葉　大高木

ニレ科
樹高15〜20m

5月　樹高8m

幹の根元が美しい樹木。秋になって木全体が黄色に染まる姿も素晴らしい。
秋の赤い実を求めて野鳥が来る「鳥の寄る木」。
鳥好きにはたまらないが、大きすぎて庭には不向き。

公園の明るい〜
半日陰な場所など

原寸大
夏の葉

原寸大
紅葉した葉

樹皮は灰色でザラザラ

1cmほどの
実をつける
10月

エンジュ 槐

落葉 大高木

マメ科
樹高15〜25m
開花期7〜8月

原寸大
マメ科だけあって
豆がなる
11月

原寸大
11月

花は1.5cmと小さい　8月

豆は食べると中毒症状が出る　11月

大気汚染に強く、街路樹として利用されている。
数珠のような特徴的な実をつける。縁起木として昔はよく庭に植えられていたが、
巨木になるため、最近ではあまり見かけない。

公園や街路の
明るい場所など

5月　樹高4m

カツラ 桂

落葉　大高木

カツラ科
樹高20〜30m

紅葉した樹形
11月　樹高6m

株立ちの樹形
7月　樹高4m

原寸大

5月

葉っぱが丸いハート型で全体的に愛らしい。春の新緑、秋の紅葉、
ともにとても美しい。樹形が清々しく、私の好きな木。
株立ちにして、家のシンボルツリーとしてもお勧め。

公園・街路・庭の
明るい〜半日陰な
場所など

7月　樹高8m

葉の表面が濃い緑色で、裏は真っ白な毛で覆われている。
風が吹くと葉の緑と白がなびいてキラキラ輝き、不思議な美しさを見せてくれる。
巨大で姿も荒れやすく庭には不向き。

公園や街路の
明るい場所など

銀泥
ギンドロ

落葉　大高木

ヤナギ科
樹高15〜20m

葉の表面

葉の裏面

葉が展開する前に花が咲く　3月

若い木は樹皮に凹凸がない

黄色く色づく葉　11月

263

落葉後の樹形
3月　樹高8m

春の樹形
5月　樹高5m

原寸大

9月

夏の樹形
8月　樹高12m

欅

ケヤキ

落葉　大高木

ニレ科
樹高20〜30m

赤く色づいた樹形
11月　樹高10m

黄色く色づいた樹形
11月　樹高9m

原寸大

11月

春の涼やかさ、夏の青々さ、秋の紅葉、冬の木立、と四季の変化を楽しむ樹木。
大気汚染にやや弱いので、都市部向きではない。材は木目が美しい。
京都・清水寺の舞台はケヤキ材だ。

公園や街路の
明るい場所など

原寸大
9月

モミジバフウ →p.278 よりトゲが繊細　12月

葉の特徴は掌状の3裂　9月

9月　樹高8m

秋の紅葉を彩る代表的な木の一つ。緑から黄紅色に変わる姿は見事。
私の家の近くに並木の名所があり、毎年素敵な紅葉を見せてくれる。
なお、住宅街だと枯れ葉の掃除が大変。

公園や街路の
明るい場所など

台湾楓

タイワンフウ
[別名：フウ]

落葉　大高木

マンサク科
樹高20m

紅葉した樹形
11月　樹高8m

原寸大

12月

267

原寸大
6月

果実

原寸大
11月

種子

秋に栗に似たトチの実をつける。この種子をもち米とともに蒸して餅にしたのが「栃餅」。
独特の風味で美味しい。実も独特だが、葉や花も独特。
花はミツバチの蜜源として優秀。

公園や街路の明るい〜
半日陰な場所など

高さ約20cmの円錐形に
花が咲く　5月

4月　樹高4m50cm

若い実　7月

栃の木
トチノキ

落葉　大高木

トチノキ科
樹高20〜30m
開花期5月
果実期12〜1月

原寸大

6月

9月　樹高6m

街路樹だと細長だが、本来は横にも広がる。
成長が早く、大きな葉をつけた自然樹形は美しい。
紅葉した姿も美しいが、最近は大きな落ち葉が敬遠され、少なくなりつつある。

学校・公園・街路の
明るい場所など

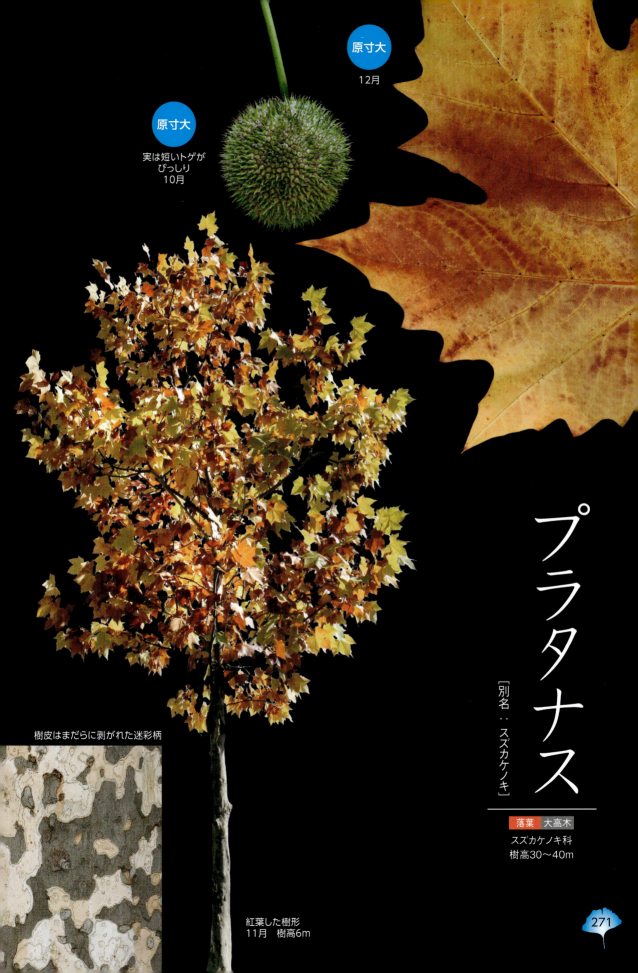

原寸大
実は短いトゲが
びっしり
10月

樹皮はまだらに剥がれた迷彩柄

紅葉した樹形
11月　樹高6m

プラタナス

[別名：スズカケノキ]

落葉　大高木
スズカケノキ科
樹高30〜40m

ポプラ

落葉　大高木
ヤナギ科
樹高20〜30m

夏の樹形
6月　樹高12m

紅葉した樹形
11月　樹高9m

原寸大

12月

原寸大

9月

落葉後の樹形
12月　樹高8m

北海道の野原にそびえ立つ印象があるポプラ。
竹ぼうきを立てたような円柱形の樹形が特徴。
絵になる素敵な高木だが、秋の落ち葉と落ち枝がすごいので、住宅地には向かない。

学校や公園の明るい
場所など

273

原寸大
10月

樹皮は淡灰褐色で縦に浅い筋。
老木は写真のように剥離する

葉は薄くカサカサしている　4月

原寸大
12月

11月、少しずつ黄葉へと変化

ケヤキ→ p.264 やエノキ→ p.256 によく似ている。
老木になると樹皮が剥がれる特徴がある。成長が早くてすぐに大きくなり、
樹形も雄大なので、ご神木として大切にされることも多い。

寺・神社・公園の
明るい場所など

椋木

ムクノキ

落葉 | 大高木

アサ科
樹高20〜30m

真夏の樹形
8月　樹高6m

原寸大

若い実
11月

原寸大

9月

初夏の樹形
6月　樹高5m

化石が先に見つかり、後に生体が発見された「生きた化石」。
現在では数が増えて普通に見られる。
大木のわりに柔らかく優しい葉をつけ、秋の紅葉した円錐形の姿が美しい。

公園や街路の明るい
場所など

メタセコイア

[別名：アケボノスギ]

落葉　大高木

スギ科
樹高20〜35m

原寸大
12月

原寸大
種子が出た後の実
1月

紅葉した樹形
11月　樹高6m

剪定に強く、
すぐに例年と同じ
紅葉が楽しめる
12月

原寸大
5月

紅葉葉楓

モミジバフウ

[別名 : アメリカフウ]

落葉　大高木
フウ科
樹高30〜40m

夏の樹形
7月　樹高7m

タイワンフウ→ p.266 とともによく植えられている。
秋になると、葉の色が黄、オレンジ、赤、赤紫などに変化するため、
全体に色が混じって美しい。紅葉がとても綺麗な樹木の一つ。

公園や街路の明るい
場所など

原寸大

種子が出た後の実
12月

原寸大

11月

紅葉した樹形
11月樹高11m

山桜
ヤマザクラ

落葉　大高木

バラ科
樹高20〜30m
花期3〜4月

満開の樹形
4月　樹高7m

日本の野生ザクラの代表格。若葉と同時に開花する花が特徴。
園芸種に比べ華やかさは少ないが、自然で清楚な感じがする。
サクラの仲間では寿命が長く、巨木になることもある。

公園や庭の
明るい場所など

若葉が混じりながら咲くのが特徴

咲き始めは色が薄いが、散り際に
中心部にほんのり紅がさす

野生だけあって個体差が大
きく、ソメイヨシノ→p.208の
ように一斉に開花したり散っ
たりしない

夏の葉の樹形
6月　樹高7.6m

新緑の樹形
5月　樹高5m

紅葉した樹形
11月　樹高8m

百合の木

[別名：ハンテンボク]

ユリノキ

落葉　大高木

モクレン科
樹高15～25m
開花期5～6月

原寸大
9月

原寸大
10月

283

原寸大

9月

落羽松
ラクウショウ
[別名：ヌマスギ]

落葉　大高木

スギ科
樹高20〜30m

夏の樹形
8月　樹高7m

湿気を好み、公園の池などの水辺に植えられることが多い。
樹形が美しく、新緑、紅葉ともに見事。
湿地だと呼吸根を地面から突出させ、なんとも不思議な景色を作り出す。

公園の半日陰〜明るい
場所など

原寸大

12月

紅葉した樹形
11月　樹高10m

若い実と葉　9月

この本に掲載した木

この本に登場した樹木のいくつかを並べてみました。木々は、花の時期や季節によってさまざまな姿を見せてくれます。また、縦に伸びる、横に枝を出す、など木の育ち方もさまざまです。

毎日見ていると、変化をあまり感じないかもしれません。でも、樹木は1日とて同じ姿をしていることはありません。なにげなく通り過ぎる街中の木々。そんな樹木にちょっと気を払うと、いつもと違った風景が見えてくるかもしれません。

(m)

4

2

0

(m)

6

4

2

0

(m)

10

8

6

4

2

0

著者略歴

江見 敏宏 (えみ・としひろ)

1965年　大阪府生まれ。近畿大学卒業。

CG画像のデジタル処理や加工を行い、独自の視線で撮影した画像の加工を得意とし、合成から、切り抜き処理やシームレス化などのデータ制作など幅広い展開をしている。多くの図鑑や書籍、雑誌に画像を提供し、また建築系CADソフトやゲームアプリの開発に携わる。現在は、有限会社コル・アート・オフィス取締役として在籍。

◆主な実績

データ素材集『BEST素材シリーズ』を企画、制作。

◆主な著書

『どうぶつ写真素材 DVD-ROM 2011 年』（マール社）
『シームレスパターン＆テクスチャ写真素材集 2012 年』（マール社）
『はなことば　花と樹木・写真素材集 2014 年』（技術評論社）
『おいしいマルシェ　食材・写真素材集 2014 年』（技術評論社）

装丁・造本　横山明彦（WSB inc.）

Graphic voyage

最高に美しい　身近な樹木ビジュアルカタログ
―樹形・葉・花・実・季節の変化が一目でわかる

発 行 日　2018年 7月10日　初版　第 1 刷発行

著　　者	江見敏宏
発 行 者	片岡 巌
発 行 所	株式会社技術評論社
	東京都新宿区市谷左内町21-13
	電話 03-3513-6150　販売促進部
	03-3267-2270　書籍編集部
印刷／製本	大日本印刷株式会社

ISBN978-4-7741-9866-8 C3045
Printed in Japan